LYTHOLOGIE SICILIENNE

OU

CONNAISSANCE DE LA NATURE DES PIERRES DE LA SICILE

SUIVIE

D'UN DISCOURS SUR LA CALCARA DE PALERME.

LYTHOLOGIE SICILIENNE

OU

CONNAISSANCE DE LA NATURE DES PIERRES DE LA SICILE

SUIVIE

D'UN DISCOURS

SUR LA CALCARA DE PALERME

PAR MONSIEUR

LE COMTE DE BORCH

DE PLUSIEURS ACCADÉMIES

In arctum coacta rerum Naturæ majestas.

Plin. lib. 37.

À ROME

CHES BENOIT FRANCESI

AVEC APPROBATION ET PERMISSION

MDCCLXXVIII.

À SA SAINTETÉ LE TRÈS SAINT PERE

PIE VI,

SOUVERAIN PONTIFE

SAINT PERE.

E dessein de dédier à VOTRE SAINTETÉ *l'Ouvrage d'une plume novice aurait tout lieu de paraître téméraire, si des motifs non moins*

moins respéctables que l'auspice sous lequel j'ose faire paraître ma Lythologie, ne m'y encourrageaïent. Joignant le pouvoir Spirituel au Temporel, Pontife & Souverain, d'une main vous écartés le voile dont l'Erreur se sert pour chacher la verité aux yeux des hommes, de l'autre, vous aidés aux besoins de vos sujets, vous encourragés les arts, vous excités l'emulation des talens naißans. Dans le même tems que zélé Déffenseur de la foy Vous vous occupés de la guérison des maux qui affligent le troupeau commis à vos Soins, mille traveaux utiles étendent dans vos Etats les vastes résforts du Génie, & supléent aux besoins de leurs habitans. Non content de continuer les entreprises de Vos Predécesseurs, votre coeur Paternel n'a pû voir les tristes conséquences émanantes des funestes exhalaisons des marais Pontins,

tins , ſans chercher tous les moïens poſſibles de corriger ce vice de la Nature. Déjà, des compenſations généreuſes ont dedomagé toutes les perſonnes intéréſſées à l'entretien de cet abbus , déjà , une main prudente a ſondé la ſource du mal , déjà, mille bras utilement occupés ont conſacrés leurs travaux à cette belle entrepriſe , & ce noble Deſſein , conduit par la Sageſſe & par la munificence , dans un ſiecle , ou il n'eſt preſque plus rien d'impoſſible à l'Art , promêt au glorieux Règne de PIE VI. Ce que la grandeur des maîtres d'une Monarchie univerſelle , & les immenſes travaux entrepris par vingt Pontifes , n'ont pû voir terminer . Tels ſont les motifs qui m'ont inſpiré la déſir de faire paraître ma Lythologie ſous les auſpices de VOTRE SAINTETÉ. *ſi mon Ouvrage n'avait eu pour objet que ces riens agréables enfans du loiſir , qui ,*

joi-

joignent à l'eclat des fleurs, leur peu de consistance & leur ephémére durée, craignant pour le moins autant la nullité du sujet que la faiblesse de ma plume, je n'eus jamais osé Vous l'offrir, SAINT PERE, mais mon Ouvrage a l'utilité des hommes en vuë, & fournit en même tems à chaque page un nouveau tribut de reconnaissance vers la main toute puissante à qui tout doit l'Etre. Soumettant sa raison sous le bandeau de la foi l'homme a plus de mérite dans son aveugle obéissance; mais qu'il est doux, qu'il est flatteur pour lui de céder à sa propre conviction, & qui peut plus victorieusement parler à sa raison que la Nature. *C'est dans ses inconcevables merveilles que la grandeur de son Auteur se peint de la maniére la plus majestueuse & la plus persuasive.*

Eclairer les hommes, & rendre justice

ſtice à la vérité me parait devoir être le motif commun de tout ouvrage, c'eſt le mien; ſi la faibleſſe de ma plume ne m'a point permis de parvenir au but que je m'etais propoſé, il me ſuffit d'avoir au moins courru dans cette carriére, & d'avoir fait connaître le déſir qui m'enflame. Aidant au devéloppement des vcrités que j'ai oſé entrevoir & que j'annonce, une main plus vigoureuſe hatera peut-être leur éſſor un jour. Bien loin d'envier ſes ſuccès, ma main ſera la premiere à couronner de lauriers l'homme qui aura utilement démontré à ſes Concitoïens une vérité de plus.

Mais en attendant daignés agréer, Saint Pere, l'offre que je prens la liberté de Vous faire de l'explication de quelques myſtéres de la Nature ignorés juſqu'à ce moment cy, ou du moins peu connûs.

 L'Etu-

L'Etude & l'observation ont dictés cet Ouvrage, l'envie d'être utile aux hommes le fait paraître au jour, & ma juste vénération pour un Pontife, ami du Ciel & des hommes, m'engage à le dédier à VOTRE SAINTETÉ. *Votre Bonté,* SAINT PERE, *a inspiré cette démarche, votre indulgence enhardit ma voix, & deposant à Ses Pieds ce faible esquisse de mes travaux naissans, j'ose, en lui demandant sa sainte Bénédiction, exprimer ici le dévouement le plus parfait, & le respect le plus proffond avec lequel je suis.*

SAINT PERE

DE VOTRE SAINTETÉ

Le très humble, très obéissant
& très devoué Serviteur
Comte de Borch.

TA-

TABLE

DES MATIÉRES CONTENUES

DANS CET OUVRAGE.

CHAPITRE III.

Des produits tenans à la terre Calcaire.

CHAPITRE IV.

Des produits tenans à la terre Reffractaire.

CHAPITRE V.

Des produits Sémi-Métalliques.

CHA-

CHAPITRE VI.

APPROBATION.

J'AI lû par ordre du Reverendissime Pere Ricchini Maître du Sacré Palais l'Ouvrage intitulé : *Lythologie Sicilienne* : dans le quel, non seulement je n'ai rien trouvé qui soit contraire à la foi & aux bonnes mœurs, mais j'ai admiré l'illustre Auteur qui joint à la noblesse de sa naissance & à un rang distingué les recherches les plus laborieuses & les connoissances les plus profondes de l'Histoire Naturelle.

Donné à Rome le 9.me Juin 1778.

Fr. Jacquier, de l'Ordre des Minimes, Professeur de Mathématique, des Academies de Londre, de Berlin, de l'Institut de Bologne &c. & Correspondant de l'Académie Royale des Sciences de Paris.

IMPRIMATUR,

Si videbitur Rmo Patri Sacri Palatii Apoſtolici Magiſtro.

F. A. Marcucci Epiſcopus Montisalti Viceſgerens.

IMPRIMATUR.

Fr. Thomas Auguſtinus Ricchinius, Ordinis Prædicatorum, Sacri Palatii Apoſtolici Magiſter.

Multa deprehendes falsa, quæ hactenus vera a multis seculis credita sunt: & multa vera erunt, quæ pro non entibus hactenus conclusa, & habita fuere.

Beccher in Phys. Subter. proem. Num. 4.

LYTHO-

LYTHOLOGIE SICILIENNE
OU CONNAISSANCE DE LA NATURE DES PIERRES DE LA SICILE.

INTRODUCTION.

N donnant à cet ouvrage le nom de Lythologie Sicilienne, ou Connaissance de la nature des pierres de la Sicile, je ne prétens pas prouver que les substances de ce genre se forment différemment dans ce Royaume que dans tout autre Pays.

La Nature toujours constante dans son déssein peut admèttre des modifications dans l'apparence de ses produits, mais ne varie jamais dans ses principes. Tous les Régnes démontrent évidemment cette vérité; mais c'est dans le minéral qu'elle est la plus sensible. Ce même plomb qu'on voit verd dans un Pays, blanc dans un autre, ici en paillettes, là en grands, ou en petits cubes, est toujours la même terre métallique de plomb colorée, ou crystallisée par différents minéralisateurs. Cette vérité une fois reconnuë,

 on

on ne tarde pas à appercevoir par tout les mêmes principes, malgré la différence des climats, des terroirs, des sites, &c.

Mais comme la décomposition, ou l'alliage, si j'ose le dire, de ces mêmes principes produit nécéssairement des variétés étonnantes, que l'influence du climat, les proportions plus, ou moins égales entre elles des huiles, des terres, des sels &c. en augmentent les soudivisions à l'infini, & que par conséquent tout Pays présente toujours quelques produits propres à lui seul; ce sont ces produits qu'il faut analiser, & qui peuvent offrir non seulement des Lythologies d'une partie du Monde, d'un Royaume, d'une Province, mais même d'autant de sites différens que la Nature peut en former. Sans cette étude, la Nature paraitra toujours une dans ses produits comme dans son action, & les variétés ne seront plus regardées que comme des bizarreries de cette même Nature, ou comme des effets nés d'un manque de force éffective.

Cette connaissance n'est pas aussi facile à acquérir qu'elle parait l'être d'abord. La variété qu'on remarque dans ces corps provient de quelque cause influente; cette cause est le terrain, la qualité du sol du Pays &c. L'analise alors s'etend, embrasse un champ immense, & par l'enchainement qui se trouve entre les êtres devient bien tôt générale.

Telle est la maniére d'étudier les merveilles de la Nature pour parvenir au point d'en connaitre les principes secondaires; de sçavoir suivre leur marche, leurs vicissitudes, & leur régénération, si je dois me servir de cette expréssion. Mais quand on est une fois parvenû à ce point, le systématique doit le céder à l'utile, & la maniére d'envisager les choses en grand, aux détails les plus minutieux; l'analise alors est concentrée dans des bornes plus étroites, moins digne, il est vrai, de l'elévation de l'esprit humain, mais plus proportionée à ses forces, plus rélative à ses facultés, plus utile à ses vuës.

C'est de cette façon que j'ai envisagé la Sicile. Assurément les jaspes, les Agates, les Marbres, les Albâtres &c. s'y forment comme par tout. Mais quelle est la cause de cette prodigieuse variété de nuances qui les embellissent? Quel principe modifie le de-

dégré de leur dureté respéctive ? Quelle variété de corps différens renferment ces produits ? Enfin quelles vicissitudes éprouvent ces différentes natures ? Vicissitudes absolument propres au Pays. Voila le champ de mes refléctions. Il est bâs, il est vil aux yeux de ces êtres qui ne sçavent que jouir des bienfaits de la Nature, sans connaitre ni la main qui les fait naître, ni le sein qui les nourrit. Mais qu'il est vaste, qu'il est sublime aux yeux du vrai Philosophe, du Roi pére de ses sujets, du bon Citoien ! Ce seul spéctacle éléve l'âme, inspire l'humanité, résserre les nœuds de la Societé, détruit beaucoup de préjugés, répand enfin sur tous les Etats, les lumiéres, la santé & l'aisance.

Aux yeux du vulgaire le jaspe ne différe du marbre que par sa dureté ; aux yeux du Naturaliste étranger il différe par un principe tout différent ; mais aux yeux d'un Regnicole instruit, ou bien a ceux d'un Voyageur qui s'est presque identifié au pays par son travail, & par les connaissances, que ses analises lui ont pû procurer, non seulement le jaspe différe du marbre par sa dureté, & la différence des principes, il différe encore par toutes les causes qui ont pû influer sur sa formation, & qui se trahissent par leurs effets. C'est ainsi que le jaspe verd de Giuliano ne sera pas confondû avec le jaspe verd de Golisano, & le marbre verd de Taormina, avec le marbre verd de Bisaquino.

Les mêmes couleurs ne sont pas toujours produites par les mêmes Principes. Le fer tenû en dissolution, soit dans les ochres, soit dans les bols, colorant quelque corps de la Nature, lui donne souvent une teinte semblable à celle qu'il peut reçevoir de la teinture de l'or de Cassius ; du mercure combiné avec le souffre, & de ce dernier minéralisateur uni à l'arsénic. La déstruction de quelques plantes produit bien des fois des nuances qui rivalisent celles, que fait naître la dissolution des crystaux de Venus ; les dégustations du vitriol martial, l'action d'un alkali sur une teinture végétale &c.

L'oeil confond ces teintes, mais les réactifs du Chymiste sont des toucheaux surs pour les distinguer, & quand une main prudente les emploit, la vérité ne peut se voiler long tems ; la Natu-

re découvre ses mystéres, sa marche se maniféste, & si l'homme ne peut appercevoir les premiers Principes, il sçait, au moins, les forcer à entrer dans ses vûes, il les asservit à sa volonté.

J'ai suivi dans cet ouvrage une marche différente de celle de ma Lythographie, & je crois que tout Lecteur instruit sera de mon avis là dessus. Dans ce prémier ouvrage je n'ai eu en vûe précisement que de donner la déscription des pierres de la Sicile. Ici je dévoile le mystére de leur formation. Entrant dans ces détails j'ai dû embrasser dans la Lythologie toutes les variétés connues; dans la Lythographie je ne me suis tenû qu'aux classes principales. Comment aurais je pû parler de cailloux Zébres, des yeux de chat, de yeux de serpents &c. sans indiquer, au moins, leurs Principes; ç'aurait été empiéter sur ma Lythologie, & par conséquent détruire moi même le plan que je m'etais tracé. J'ai parlé, j'en conviens, des Bazaltes & des Dendrites, quoique les uns fussent productions de Volcans, & les autres eussent du rapport avec les produits sémi-métalliques; mais comme ces deux espéces sont regardées dans le pays comme entrant dans la série des pierres de taille & de gravure; il m'a fallû en indiquer au moins les noms. La déscription que j'ai donné de la Lunaria, de l'Héliotrope, & de la Tartarucca ont été dans le même genre; je les ai dépeintes aux yeux de l'Amateur pour les lui faire admettre dans son Cabinet; en les analisant dans cet ouvrage, je les rendrai dignes du Laboratoire du Chimiste.

J'ai dit dans ma Lythographie Sicilienne & je le repéte ici avec plaisir qu'aucun pays, au moins de ma connaissance, ne renfermait dans son sein tant de produits differens que la Sicile, & sur tout tant de variétés dans les sousdivisions des mêmes genres. Je n'ai pû donner dans la Lythographie qu'un faible échantillon, si j'ose le dire, de cette vérité, étant forcé de me restraindre dans les bornes que je m'etais préscrites moi même. C'est à ma Lythologie à ma Théorie des Volcans & à ma Minéralogie Docimastique a le prouver, quoique j'aie été obligé de sacrifier beaucoup de détails de peur d'être trop long. Rien ne décrédite plus à mes yeux un ouvrage que son volume, quelque abondante que soit une matié-

matiére en l'étendant on la délaye, l'interét diminue, l'Ecrivain, & le Lecteur se lassent tous deux dans la carriére, & l'esprit harassé dans l'un affaiblit l'expréssion, dans l'autre l'intélligence.

Un style conçis, serré, nerveux est celui qui me parait le plus propre à ces sortes d'ouvrages, c'est celui que j'ai taché d'emploier. J'ai entiérement sacrifié les graces, les préstiges enchanteurs d'une diction agréable aux phrases Téchniques, à la clarté, à la précision, à la vérité, au désir de peindre d'après Nature ce que j'ai voulû representer.

Je sçais, que dans beaucoup d'endroits de cet Ouvrage, une monotonie malheureusement nécéssaire produira les même sons, & élévera peut-être contre moi beaucoup de Lecteurs; mais malgré tous mes éfforts, j'ai été contraint par la matiére à la laisser subsister.

Dans la Nature les premiers Principes, ou plûtôt le premier mobile est inconnû, notre analyse ne peut s'étendre que sur les principes secondaires, que la sagesse d'une main toute puissante a reduit au plus petit nombre possible, quoique leurs combinaisons, & leurs modifications s'étendent à l'infini.

Ces modifications ont produit des substances dont les perféctions & les qualités ont tant d'influence sur les autres produits de la Nature qu'on les regarde comme des principes Terçaires ou plûtôt comme des Véhicules infiniment puissants, puisqu'on les retrouve a tous pas; tels sont le souffre, l'arsénic, & le fér; ainsi toute analyse un peu approfondie doit rappeller nécéssairement les mémes Agens, ou du moins leurs modifications.

Ayant par tout dans mon ouvrage la Nature a peindre, je me suis toujours éloigné de tout ce qui pouvait avoir un air systêmatique; les travaux de Sthal, de Becker, de Hofman, de Koënig, & de tant de célébres Chymistes encore vivans ont trop surement déterminé les Principes que nous devons rechercher dans nos analyses, pour avoir besoin de recourir à des hypothéses nouvelles pour expliquer la formation réguliere des corps. Pénetré de cette vérité je n'ai fait que rendre raison de mes procedés Chymiques, en rapportant les substances que j'ai reconnues dans les corps qui

j'ai

j'ai analisé. C'aurait été un mérite d'exactitude de plus, si j'avais encore rapporté les Réactifs que j'ai emploié; mais dans la crainte de revolter le peu de Lecteurs benevoles que cet ouvrage poura avoir, par une longeur vraiment fatigante, & une monotonie pas absolument nécéssaire, je m'en suis tenû aux résultats seuls, aux quels l'homme de letres peut en croire sur ma parole, & que le Chimiste est toujours à même de vérifier.

Le même désir d'être bref, d'offrir au Lecteur des faits, & non une vaine érudition m'a fait ométtre toutes les autorités, toutes les citations que j'aurais pû emploier pour garantir la vérité de la plupart de mes assertions. Elles ennuieraient l'homme simplement curieux, & elles sont inutiles pour l'homme instruit. Car quel individu de cette classe, ignore les resultats des travaux des grands hommes dans toutes les principales branches de nos connaissances. J'ai également sacrifié toutes les refutations des rapports faits avant moi. C'est la méthode de la plus part des Auteurs qui veulent, sur les brisées de leurs prédécesseurs établir leur sentiment, & leur réputation. Ce n'est pas la mienne; je ne crois pas mieux voir, ni mieux dire que les autres; si je me flatte de quelque avantage sur ceux qui ont écrit sur ce sujet avant moi, c'est sur la sincérité des rapports que je le fonde; je n'ai nul motif qui puisse m'obliger a vendre ma plume a la partialité. J'ai travaillé pour moi, je publie mes remarques par ce que je crois que tout homme est comptable de tout ce qu'il fait vis-à-vis de la société. Je sers mal peut-être mon amour propre en mettant cet ouvrage au jour, mais je sers mon cœur en servant l'humanité.

On me reprochera peut-être d'avoir dit des choses que beaucoup d'autres ont rapportées avant moi, j'en conviens, & je crois qu'il est impossible de ne pas le faire en parlant d'une matiére aussi rebatuë, mais comme cet ouvrage fera refléchir sur nos connaissances quelques traits de lumiére de plus, cela seul doit me défendre contre toute inculpation de plagiat.

Plut au Ciel que dans toutes les productions modernes qui font gémir nos préšses; au lieu d'une suite de paradoxes, d'argumens captieux, de pensées faussement brillantes dont on nous innon-

nonde, à la suite des verités anciennes utilement rappellées, on fit luire quelque raïon bienfaisant, quelqu' avis salutaire, quelques découvertes profitables, chaque brochure aurait alors pour moi les graces de la nouveauté & le mérite d' un original.

J' ai taché de répondre ici d' avance aux principales objéctions que l' on peut me faire sur cet Ouvrage! je répondrai dans la suite aux moins importantes, ou à celles dont le sujet aurait pû m' echapper. Il me reste encore à présenter au Lecteur l' ésquisse, & la marche de mon plan, afin de le mettre dans le cas d' en conçevoir tout d' un coup une juste idée.

On reconnait dans la Nature trois sortes de terres, la Vitrifiable, la Calcaire, & la Refractaire. Je ne reveillerai point dans ce moment ci la question si agitée au sujet de l' avantage accordé a la prémiere d' elles, regardée par beaucoup d' Auteurs comme primitive, & par conséquent les deux autres comme ses modifications. Cette discussion est absolument étrangére à mon sujet. Je me contenterai de classer tous les produits minéralogiques non métalliques qui se forment en Sicile suivant leur plus ou leur moins de rapport, dans les Chapitres consacrés à chaqu' une de ces terres en particulier. Pérmis après cela au Naturaliste plus rigide à tenter les moïens préscrits par l' Art pour vitrifiér ces produits & leurs gangues Calcaires ou Refractaires, & dénaturer ainsi les substances en les dépouillant de leurs qualités apparentes pour les faire rentrer suivant son systême dans leur état primitif.

Six Chapitres composeront cet ouvrage; le Prémier traitera de la maniére de rechercher dans les pierres les substances différentes qui concourent à leur formation respéctive. Les Trois suivants seront consacrés à l' analyse des produits rélatifs aux trois qualités de terre que nous avons observées ci-dessus; le Cinquiéme est déstiné aux produits sémi-métalliques, comme les Dendrites les Cailloux d' Egypte &c. & le sixiéme offrira l' indagation des Princ pes qui donnent la plûpart des produits mixtes, & accidentels, comme les yeux de serpent, les yeux de chat &c.

Tel

Tel est le plan de ma Lythologie, il est très vaste, c'est au Public éclairé à décider si j'ai sçu le remplir. Toute fois je le prierai de vouloir se rappeller en ma faveur cet ancien apophtegme : In magnis voluisse sat est.

DISCOURS
SUR LA QUALITÉ, ET SUR LES VARIATIONS DU TÉRRAIN
DE LA SICILE.

Racer le tableau de la qualité du terrain d'un pays quel qu'il soit, & le peindre tel qu'il parait à l'œil, c'est-à-dire, indiquer simplement que tel Canton est Argilleux, tel autre Marneux, tel autre enfin couvert de Tuf ou de sable; c'est remplir la tâche de l'Agronome, & nullement celle du Naturaliste. Le Premier n'étudie la qualité d'un terrain que pour sçavoir le parti qu'il doit en tirer; le Second analise sa nature, afin d'être en état de la corriger. Comme dans cet Ouvrage je suis déscendu dans les plus petits détails rélatifs aux Substances dont j'ai traité, il me parait qu'une notion superficielle du terrain de ce Royaume serait déplacée, & qu'après avoir analisé scrupuleusement les parties en détail, il est de la plus grande importance d'offrir au Lecteur curieux un plan général du tout, afin que d'un coup d'œil il puisse embrasser toute l'étendue de ce vaste théatre, & qu'en suivant la chaine des Etres, il se rende raison des différentes modifications qu'il admire. Par ce moyen l'Observateur n'accusera plus la Nature d'agir au gré de ses caprices dans les différentes métamorphoses qu'il lui voit opérer, & à la lueur du flambeau de l'expérience il reconnaîtra que toutes ses vicissitudes sont des suites nécéssaires d'un Principe toujours constant dans son action.

Pénétrés de cette vérité beaucoup de Naturalistes nous ont donné des déscriptions très détaillées des pays qu'ils ont analisés;

mais pas un ſeul d' eux n' a ſuivi à ce qu' il me paraît le vrai & l' unique chemin qui conduit à la connaiſſance de cette vérité. Dire, par éxemple que tel terrain eſt Argilleux, c' eſt en indiquer l'uſage, puiſque l' expérience, & la coutume dans ce ſeul mot ont renfermées la définition de toutes ſes propriétés; nombrer & décrire la ſuccéſſion des couches inférieures, reconnaître & claſſer les végéteaux que ſon ſein produit; déterminer & éſtimer à ſa juſte valeur l' influence du Climat d'un pays; ſont autant de pas de plus pour donner la connaiſſance du ſol qu' on analiſe, mais tous ces travaux ne fixent point les doutes de l' Agriculteur, ſurtout dans un pays comme la Sicile qui a éprouvé des revolutions auſſi ſubites dans leur éffet, qu' étonnantes dans leurs réſultats. C' eſt a la Chimie qu' eſt reſervé le droit de conſulter la Nature défigurée a l' apparence. Ses Toucheaux par des indices certains reconnaiſſent la ſubſtance premiére malgré ſes modifications, ſachant juger du paſſé par le préſent, l' éxpérience lui fait pércer le voile épais de l' avénir, & ſi ſa prudence ne prévoit pas tous les cas poſſibles, elle peut au moins compter ſur la cértitude des plus importans.

Agiſſanr d' après ces principes, & déſirant que tous les Naturaliſtes en fiſſent de même, je vais dans la prémiere partie de ce diſcours préſenter l' Etat paſſé & l' Etat préſent du terrain de la Sicile, la ſeconde eſt reſervée aux conjectures ſur ſon futur Etat, d' après les concluſions que j' ai tiré des réſultats de mes opérations Chimiques, & de l' obſervation des Phénoménes journaliers.

PREMIÉRE PARTIE.

De nos jours un grand tiérs de la Sicile, du moins ſuperficielement eſt lave, & plus de la motié de cette Isle eſt couverte de produits Volcaniques. Il n' en était pas toujours de même, ſoit avant l' éxiſtance de l' Etna, ſoit avant que la violence de l' éffervéſcence des ſubſtances conſtituantes l' âme de ce Volcan ſe fût maniſeſtée d' une maniére ſi térrible, ces Champs, ces Vallées que nous voyons aujourd' hui préſenter à nos yeux une face aride & blême, jadis richement ornés des dons de la Nature, aux beſoins de l' homme offraient un ſein fertile, & recréaient ſes regards par l' émail renaiſſant & flatteur des fleurs les plus charmantes. Vallées de Théocrite, lieux riants Chantés par Moſchus, heureux pays d' Hybla, qu' êtes vous devenûs? S' éjour d' horreur, image éffraiante du Cahos votre aſpéct ſeul ſuffit pour porter dans l' âme la plus intrépide un trouble involontaire & inconnû. Sur les vaſtes flancs de l' Etna naiſſent cent montagnes inaccéſſibles; des Plaines embellies par les bienfaits les plus précieux d' une terre fertile cédant aux ſecouſſes d' une commotion intérieure s' affaiſent tout à coup, & ne préſentent plus au Cultivateur ſtupéfait qu' un abyme immenſe toujours prét encore à s' ouvrir ſous ſes pas. Catane au milieu de ſon port voit le choc de deux Elémens rivaux produire un écueil funéſte &c. Telles ſont les méta-

métamorphoses qu'opére un simple déplacement, un déffaut d'équilibre dans la Nature, détournons pour un moment nos yeux de ces tableaux effraïans, la main toute puissante qui les produits n'a pas besoin d'emploïer toujours des moyens aussi violens pour parvenir à ses fins; une marche lente mais graduée & toujours agissante, opére souvent des changemens moins frappans il est vrai dans leur apparence, mais plus étonnans dans la réalité. C'est à ceux là principalement que je vais borner mes analyses dans cet Ouvrage, ayant reservé de traiter séparement dans ma Théorie des Volcans, tout ce qui peut émaner de cette cause longtems considerée comme surnaturelle.

Reservant pour la Conclusion de ce Discours l'éxplication des motifs qui ont opérés les changemens que nous remarquons dans le terrain de ce Royaume, je vais avant tout offrir à la curiosité du Naturaliste les variations les plus frappantes.

Sans consulter la nature du Sol de la Sicile, si nous nous contentons de nous en rapporter aux témoignages des Auteurs les plus respéctables de l'Antiquité, dont je ne crois pas avoir besoin de copier ici les différentes phrases pour garantir cette assertion; l'on voit que la Sicile autre fois étoit un pays riche en mines. Syracuse frappait toutes ses monnayes de l'or & de l'argent que lui fournissaient le fleuve de Niso, le Symette &c. . . . . . Les valeureuses Républiques qui partageaïent entre Elles les Cantons fertiles de la Sicile déffendaient mutuellement leurs libertés à l'aide du fer & surtout du cuivre tiré des entrailles de cette Isle & puis changé en bronze dans les fourneaux d'Agrigente, de Catane & de Zancla. Aujourd'hui le Plomb, le Cuivre & l'Argent sont les seuls métaux qui soyent restés à la Sicile, encore dans une quantité bien médiocre, l'or ne se maniféste plus que par quelques païllettes qu'un lavage laborieux, couteux, & nullement lucratif extrait des cailloux de Niso, n'offrant plus aujourd'hui à la place de ce précieux métal qu'un Mica mensonger, ou quelque Pyrite Sulfureuse ou Arsénicale. Le fer à absolument disparû, les terres mêmes que ses dissolutions ont colorées, par le contact de l'air & le choc des élémens ont laissé évaporer, si j'ose le dire, la majeure partie des particules de ce métal, au point que ce n'est qu'à l'aide du travail le plus pénible que le Chimiste peut retrouver dans les terres qu'il analise les Principes qu'il sçoupçonne & qu'il cherche.

Les Cailloux du fleuve de Niso, autre fois si riches en Lapis lazuli, que les Auteurs des siécles inférieurs même encore osayent comparér aux belles pierres de ce genre qu'on nous apporte de la Tartarie, & surtout de la Chine; ces mêmes cailloux variolés par l'action mordante de la dissolution des Pyrites n'offrent plus à nos recherches, qu'une Crysocolle de peu de valeur, un Spath, ou un Quartz colorés par des dissolutions vitrioliques unies au Bleu de montagne.

Le fameux fleuve Achates qui à donné le nom aux pierres de

cette

cette nature qui tapissaient son sein, n'offre plus que des débris & des restes de peu de valeur de ses premiéres richésses.

Ces lympides crystaux qui, taillés en tasses, en coupes, en mille meubles différens, ornayent les tables & les buffets des superbes Vainqueurs de la Gréce, tirés des immenses Canons de cette substance, produits dans le sein des montagnes de la Sicile, n'ont-été remplacés dans ces mêmes Matrices, que par des petits crysteaux mousseux, porreux, ternes, opaques & devant encore l'éxistance, pour la plupart, à une liquefaction opérée par un feu Volcanique, & à une crystallisation secondaire.

Ces Couches immenses d'Agates & de Jaspes dépeintes par tant d'Auteurs célébres comme autant de merveilles de la Nature, interrompues dans leurs diréctions, altérées dans leur nature, partout présentent aux yeux de l'Observateur le combât continuel de l'immortalité respéctive de la Matiére, & en même tems l'instabilité de ces mêmes Etres qui, à l'apparence semblaient être faits pour braver éternellement les injures du tems.

Telles sont la plupart des détériorations opérées par le cours des années dans ce pays sur les productions les plus précieuses; que dirons nous à présent des changemens plus généraux & plus à notre portée. Le peu d'étendue de cet Ouvrage ne me permettant pas de suivre pied à pied chaque nature, je me contenterai d'offrir ici l'analise des principales.

Voyons par éxemple: ces Bols conservant encore l'onctuosité naturelle aux sucs qui détrempent leurs particules constituantes, mais entiérement décolorés par la déperdition des Atomes métalliques dont la dissolution faisait naître leur teinte prémiere.

Voyons ces Dissolutions Végétales souvent dans un état encore imparfait, impregnées d'un suc bitumineux, offrir toute l'apparence & toutes les proprietés du charbon, ajoutons à cela ces pierres Naphtiques de Centorbi composées d'une surabondance de Pétreole détrempant un amâs de particules pierreuses.

Voyons ces dépôts d'Albâtres, d'alabastrides, de stalactites, & d'autres Concrétions épars dans les entrailles d'une montagne immense, formée elle même de l'agrégation de mille & mille parties bien souvent hétérogénes entr'elles.

Enfin qu'un Observateur repasse dans sa mémoire toutes les natures, toutes les substances neutres qui couvrent, pour ainsi dire, de nos jours la Sicile, & qu'il éxamine après cela la simplicité de la terre primitive, il concluera aisément que la Sicile est le pays de l'Europe peut-être le plus propre pour reconnaître les motifs de la modification de presque tous les corps de la Nature, du moins de ceux que ce pays renferme.

De ce boulversement apparent de toute la Nature dans la Sicile j'ose conclure que deux forces bien différentes dans leur action ont agi sur ce pays, l'une violente mais passagére, l'autre à peine sensible,

ble, mais continuelle & souvent aidée dans ses résultats par ceux de la premiére. Il est sur que les Volcans ont agi de la maniére la plus frappante dans ce Royaume, cent montagnes élevées les unes sur les autres, des fleuves déssêchés, des colonnes d'eau bouillante poussées à une distance inconcevable, des laves, comme des riviéres de feu liquide, occupant souvent la distance de trente mille dans leur largeur, dévorant tout ce qui s'opposaint à leur passage, & d'un terrain fertile formant en peu de tems une roche artide & à peine pénétrable au plus dur acier &c. Tels sont les Phenoménes de cette premiére force, il sont éffraïans au seul récit de leurs éffets, mais combien peu sa puissance est comparable à celle de l'action lente & graduée de la Nature. Ces substances qu'une conflagration violente à parû détruire, ces Cendres, ces Scories, tristes témoins des ravages opérés par elle, ne sont point perdus pour la Nature, les injures qu'elles ont reçus ne peuvent que modifier leurs apparences, nouveaux Phénix renaissants au sein du brazier qui semblait les avoir consumées, elles reparaissent avec plus d'éclat sous mille formes différentes; dépouillés de leur enveloppe terréstres, les Principes rapprochés devenûs sels, huile, esprit, acide, phlogistique, agissent sur les corps voisins, avec plus de promptitude & plus de succès, & font produire à la Nature des êtres dont elle ne pouvait pas seulement soupçonner l'éxistence. Ayant vû les principaux Phenoménes opérés en Sicile, & ayant en même tems reconnû le motif qui les a produits, il est nécéssaire de porter sur tout ce Royaume un coup d'œil général pour suivre autant que nos forces nous le permettent, la marche de la Nature, soulever le voile épais dont la plupart de ses produits sont couverts, & satisfaire par cette analyse à l'objet de nos rechérches, c'est-à-dire; connaître & déterminet, au plus probable, l'état passé du terrain de la Sicile en le comparant au présent.

J'ai dejà dit, à la tête de la premiére partie de ce Discours, qu' aujourd'hui un tiérs de la Sicile était lave, & que plus de la motié de cette Isle était couverte de productions Volcaniques; tout ce que les Eruptions de l'Etna ont respectés n'offre pas un champ moins intéréssant à la curiosité d'un Naturaliste Observateur.

De tout tems la Sicile a passé pour le pays le plus fertile du monde, elle l'est encore de nos jours, & ce que les Innondations du Nil ajoutent aux terres de l'Egypte, les sels provenus des incendies de l'Etna l'accordent au sol de cette Isle fortunée. Cependant de nos jours on se plaint de la misére dans ce Royaume, mes propres oreilles plus d'une fois ont été frappées des sons plaintifs de tant de familles érrantes réduites à la mendicité. Sans fermer nos cœurs aux besoins de ces malheureuses victimes, n'accusons que les Siciliens eux même de l'état déplorable dans le quel se trouve reduite une grande partie de leurs Compatriotes sur tout dans l'intérieur du Royaume. La terre est bonne par elle même, mais elle demande des bras pour la cultiver, le luxe occupe à des emplois futils des forces qu'on devrait employer au bien être de la

Patrie.

Patrie. Les bras, même, que l'amour du Gain, la nécéssité, ou le dévoir (1) attachent aux labeurs de la Campagne, par le peu de communication d'un endroit à l'autre, par l'inconsommation, si j'ose le dire, de la denrée dans le pays même, par la faible éxportation des grains, par le Monopole, & par tant d'autres abûs, rendent inutiles les râres bienfaits d'une terre fertile au delà de toute expréssion, épuisent les ressources de l'Etat, énervent la bonne volonté des Citoyens les mieux pensans, enfin répandent sur ce Royaume si favorisé des Cieux une langueur, un malaise général.

Si d'après le tableau que nous en présentent les Historiens les plus respectables de l'Antiquité, nous nous remettons devant les yeux l'immense Population des sept Cités de Syracuse, celle des anciennes Républiques qui partagaient entre elles le Sol de cette Isle, que nous la Comparions à l'état présent de ce Royaume, & que surtout nous nous rappellions l'immense quantité de Grains que la Sicile dévenue Province Romaine envoyait toutes les années pour nourir ses Vainqueurs, nous déciderons que ce pays a du perdre de sa prémiere fertilité, puisque dispensé de nos jours d'une dépense aussi grande dans l'intérieur, il n'est plus en état de fournir aujourd'hui à une exportation considérable. Mais cette décision ferait deféctueuse & injuste, n'accusons de cette détérioration apparente que les causes que j'ai rapportées ci-dessus, & j'ose garantir que la Sicile n'a jamais été plus à même que de nos jours de redevenir encore le grénier de l'Europe & de l'Asie.

Ce que je dis ici rélativement à la fertilité du Sol de la Sicile, ne doit simplement s'entendre que de ses bienfaits rélatifs à la nouriture de l'homme, car tous ses autres produits, comme je l'ai déja remarqué plus haut, ont visiblement soufferts du laps du tems. Sa main déstructrice s'est non seulement étenduë sur les différentes Nations qui ont habitées anciénnement cette Isle, & sur les supérbes monuments de leur grandeur, elle a sappée encore dans leurs fondemens ces substances précieuses qui ne servayent qu'a nourir leur luxe & leur orgueil. Frappante leçon pour les Plutus de ce Siécle, qui ne rougissent pas d'habiter sous de lambris incrustés de Jaspes & d'Agates, & d'étaler sur leurs tables la profusion la plus ruineuse, tandis, que des milliers de malheureux Serfs, dont ils se disent les Péres, n'ont d'autre couvert que le Ciel, ne se nourissent pour la plûpart que d'un pain indigéste & grossier, bien souvent d'étrempé de leur sueur & de leur larmes.

Mais revenons à notre sujet principal; les injures que ces substances ont reçues de la main du tems, en détruisant des produits simple-

(1) *Je distingue la nécéssité du devoir; la premiére oblige l'homme au travail le plus laborieux de son propre mouvement, & pour l'entretien de son éxistance; le second est une émanation de la loi féodale qui force le Serf à travailler pour son maître, au détriment même de ses propres intérêts.*

plement beaux ont portés dans les Campagnes la vigueur & la fertilité. C'est ainsi que tout est compensé dans la Nature, le mal est au bien, ce que l'ombre d'un tableau est à ses teintes les plus vives; l'une fait ressortir l'autre. Dans l'immense succession des siécles, les anneaux de la Chaine des Etres se succédent mutuellement, les corps se défigurent ou s'embellissent suivant le terme accordé a leur durée respéctive, mais le Matiére toujours indéstructible, se modifie, se préte aux circonstances & reparait toujours avec éclat sur la scéne. Concluons de là que la Sicile à souffert des deux forces agissantes dans la Nature, la violente & la graduée. Mais, si d'un côté, ses belles plaines ont vû dans leur sein naître cent nouvelles montagnes, si ces Rochers, primitifs carcasses de la machine de ce globe, ont vû dans leurs entrailles altérer la qualité de leurs produits les plus précieux, si l'or, le fer & les cristaux ont disparus, ou du moins se sont pour quelque tems dérobés aux rechérches de ce siécle; mille bienfaits plus éstimables & plus solides ont compensés ces pertes. Une terre abondante rendue plus vigoureuse par mille sucs nouriciers rependûs dans ses entrailles ne demande qu'un peu de soin, & promêt les plus grandes richesses. O vous, qu'un déstin heureux à fait naître sur un sol si fortuné ne vous plaignés point de l'injustice de la Nature, elle ne vous à dépouillé d'aucun bien, elle n'a fait que changer la source de ses bienfaits à votre égard; sécondés sa généreuse prodigalité, consacrés vos bras à des travaux utiles, bien-tôt une terre libérale vous payera au centuple votre tems & vos travaux; le Citoyen mieux nourri, & à meilleur prix éxigera moins pour la compensation de ses peines, le bon marché de la main d'œuvre rendra vos fabriques florissantes, le bien-être & l'émulation étendront les limites de l'industrie nationale. Les Nations Etrangéres viendront à prix d'or acheter chès vous & les prémiers besoins de la vie, & les éfforts de vôtre Génie, les précieuses productions des arides Rochers de l'Inde & des mines du Perou sans vous couter aucun travail, vous seront apportés à l'envie par l'Etranger privé de vos solides Richesses; & à juste titre alors sans qu'on puisse blamer vos excès vous joindrés l'éclat d'un luxe rendû nécéssaire dans vôtre siécle à l'aisance, au bonheur général de tous vos Concitoyens.

SECONDE PARTIE.

Plus Littérateur que Chymiste dans la prémiére Partie de ce Discours je n'ai fait que présenter des tableaux généraux des revolutions de la Sicile, sans descendre dans les détails rélatifs à l'analise rigide que je me suis proposée pour objet. La raison qui m'à engagée à en agir ainsi émane de la Nature même de mon Sujet; l'éxacte Connaissance de l'état passé de la qualité d'un terrain ne peut être fondée que sur dés rapports, & les Toucheaux de la Chimie, dans l'analise qu'il font d'une substance quelconque sont souvent dans

dans le cas de se tromper, quand l'état passé est l'unique objet de leurs recherches. L'état présent à portée de tout le monde, n'a besoin dans la déscription qu'on en fait que de quelques observations particuliéres sur certaines Natures moins communes; le reste est connu. Il n'y a donc d'intéréssant dans ces deux états que l'explication de quelques Phénoménes particuliers, & l'analise du passage d'un état à l'autre. Quant au premier de ces objets, les bornes d'un simple discours sont trop étroites pour y satisfaire, d'ailleurs plus d'un grand Génie de ce siécle y à utilement consacré sa plume. Rélativement au second, je crois y avoir satisfait en partie dans les détails que j'ai presentés cy-dessus. Cependant comme je n'ai offert jusqu'à présent que des simples tableaux de ces verités, je vais, avant que de passer à l'exposition de mes conjéctures sur le futur état du terrain de la Sicile, développer la marche des Etres, & rendre raison des motifs bizares à l'apparence de l'agrégation de leurs parties Composantes, des soutiens invisibles de leur durée, & des raisons de leurs déstructions respéctives.

Si la Nature dans l'immensité des Produits dût suivre nécéssairement une marche aussi simple que le sont ses prémiers Principes, & qu'il ne fut pérmis à tous les Etres émanans de son sein de se réproduire que d'une maniére diréćte. Les forces de la premiére seraient bien-tôt épuisées, & les seconds faute de secours convenables à leurs besoins avec la durée du Monde verraient défaillir leur vigueur, & abbâtardir leur qualité. Aussi sage & aussi prévoyante dans le soutien, qu'immense & puissante dans la prémiére formation du tout, la main qui lui à donné l'Etre, n'a pas oublié les secours utiles à sa durée. Ainsi sans avoir besoin de recourir à une Création continuelle, & sans avoir à redouter l'altération d'aucune Substance, la Matiére toujours agissante se reproduit dans le sein de la déstruction même, emprunte continuellement mille formes différentes, & des débris des Etres qui ont déjà rempli leur carriére, vient renforcér d'autres Etres naissans. Loin d'avoir donc à nous plaindre de la déstruction nous devons la regarder comme l'immortel sécrèt dont se sert la Nature pour soutenir son Ouvrage. Mais comme le passage des qualités d'un Etre à l'autre, serait impossible dans l'état de la prémiére apparence, avant d'adméttre les corps aux différentes Métamorphoses que sa puissance opére, sa main puissante les à tous soumis à une loi universelle, celle de la Divisibilité à l'infini, & de la Réunion indéterminée.

Ainsi toutes les substances formant un corps quelconque dans la Nature sont composées de parties plus petites unies & liées ensemble par différents ciments . & demeurant dans cet état jusqu'à ce qu'une force majeure ne les sépare. Quoique les parties qu'on voit réunies dans un tout quelconque sont bien souvent hétérogenes entatr'elles, le Principe qui incite à l'agrégation les parties constituantes de ce tout ne différe pas pour cela de celui qui unit les homogénes. Le ciment sera moins fort par l'impossibilité d'unir des parties moins portées à la juxta-position, l'union sera moins strićte, la solidité du corps

& sa

& sa pesanteur spécifique s'en resentiront, mais les parties différentes auront eues toujours les mêmes véhicules dans l'agrégation. Ces véhicules généraux sont l'Eau & le feu. Les Volcans & les fourneaux des Chimistes nous fournissent journellement mille preuves des effets produits par le second. L'inspéction de la Nature consultée dans ses plus grands, comme dans ses plus petits Ouvrages nous garantit à tout moment l'imménse action du premier.

L'âge de l'homme nous est connû, une experience fondée sur mille & mille observations nous à fait également reconnaître celui des animaux, celui des plantes mêmes; mais quant au Régne minéral nous sommes dans la plus proffonde ignorance & personne n'a pu déterminer encore la durée de l'éxistence d'un Grain de Sable. Ce Grain, cependant est un indivudû éxistant dans la Chaine des Etres comme nous, il doit donc y avoir un terme préscrit à sa durée; & les accident qui le transmuent sont à son égard ce que sont les maladies & la mort pour nous. En païant ce tribut à la Nature, il n'existe plus pour lui, mais il ne sort point pour cela de la Chaine des Etres, il éxiste dans un autre Etre que ses dépouilles ont enrichi. Telle est l'influence des Etres les uns sur les autres, & leur marche ordinaire, voïons à present les motifs de l'agrégation des parties composantes d'un corps quelconque. Aussi-tôt qu'un Etre à terminé sa carriére, l'absence du Principe animateur occasionne un déffaut d'equilibre dans toute la machine, la suspension de l'action, porte la fermentation dans les liquides; aussi-tôt commence la désunion des parties, & leur frottement mutuel accélere & augmente la divisibilité des atômes. Réduits dans cet Etat ces débris devéloppent les Principes que leur tout s'était rendu propre, & les présentent aux besoins des Etres éxistans. Par le moïen de l'air servant de disolvant à l'eau, l'animal non seulement dans les alimens qu'il déstine à sa nourriture, mais encore par l'inspiration admet dans son corps un nombre infini de ces dépouilles dont toute la Nature est chargée; la Plante, trouvant des sucs propres à sa végétation, à l'aide des trompes de ses racines, des pores de ses feuilles, des vaisseaux propres de son Parenchyme, augmente ses forces en s'émparant des nouvelles richesses qui lui sont présentées. Mais nulle part l'agrégation est plus sensible que dans le Régne minéral. Les parties composantes de la plûpart de ces corps n'ayant point à passer par des filiéres aussi délicates que celles qui ajoutent à l'éxistance des corps animaux & végétaux, sont plus grossiéres, parconséquent l'œil observateur les distingue mieux, réconnait souvent les substances premiéres dont elles dérivent, & sçait déterminer jusqu'à la Nature du ciment qui les unit. Quant à la nécéssité de l'agrégation, je vois qu'il n'est pas nécéssaire que j'en parle, tout prouve cette vérité dans la Nature, puisqu'il n'y à point d'Etre aussi privilégié qui puise éxister par soi même, & indépendamment de tout autre. De ce que nous avons observé rélativement à l'agrégation, émane naturellement la connaissance des soutiens de la Durée, & des raisons de la déstruction des corps. Pour

 rendre

rendre cette vérité plus palpable , aretons nous y un instant . Nous avons dit plus haut que la déstruction d'un corps commençait du moment de l'absence du Principe animateur ; en raison inverse il subsiste, il jouit, du plus au moins, de ses prérogatives tant que ce Principe agit en lui. Dire quel est ce Principe, n'est pas du ressort de ce Discours, il doit nous suffire dans ce moment cy de reconnaître sa présence par tout, ce Principe est l'âme d'un corps, mais n'en est pas le soutien, il met en mouvements les ressorts d'une machine, mais il n'influe par sur leurs forces respéctives ; pour se soutenir il faut qu'un Corps cherche des agens plus à sa portée, les dépouilles des corps éxistans avant luy sont seuls propres à les lui fournir & c'est dans leur sein qu'il puise journellement les soutiens de son éxistance. Mais comme dans la Constitution de l'Univers, tous les corps ont un terme préscrit à leur durée, la nécessité de l'éxistance des corps succédans, éxige l'annéantissement de ceux qui éxistent ; de là émane nécéssairement la loi de déstruction, qui sans cette raison seroit injurieuse à la Nature, & pourrait fournir à l'homme sur le peuchant de sa carriére des motifs de plainte, & des doutes de la toute puissance de la main Créatrice.

De l'inspéction de ce tableau général, de la marche des Etres dans la Nature, enfin de l'analise des motifs de l'agrégation des parties composantes, des soutiens de la durée des Etres, & des Raisons de leur déstruction ; ramenons nos regards vers notre objet principal ; répassons en abregé les changemens opérés sur le terrain de la Sicile dans le passage de son état passé à son état présent, & de là nous irons à l'éxposition des conjectures sur son futur état.

Soit que nous nous rapportions simplement aux déscriptions que nous ont donnés les anciens Historiens de l'état passé du terrain de la Sicile, soit que nous cherchions à le connaître par l'analise de l'état présent ; nous serons toujours convaincus que cette Isle était de tout tems le pays le plus fertile de l'Europe mais son abondance n'avait pas les motifs qui l'entretiennent de nos jours.

Beaucoup de personnes & même nombre de Naturalistes ne Connaissant la Nature que par ses principes généraux se sont imaginés qu'un terrain pour être fertile devait être absolument argilleux, & que pourvû qu'une main laborieuse y rependit a propos un engrais substentieux, aida à la séparation des glebes par l'admission d'une marne prudemment distribuée, & arrosa le tout abondamment ; un semblable terrain devait être régardé comme le meilleur de la Nature. Il l'est en partie, mais pas pour toutes les productions également. La vigne demande un terrain pierreux, le figuier veut un sol coupé de sable & de gravier, l'olivier se plait sur les rochers, le ris d'épérit s'il n'a les deux tiers de sa racine flotante dans l'eau &c. Ces variations sont frappantes, il en est d'autres qui le sont moins, mais qui n'échappent point pourtant aux yeux de l'Agronome Naturaliste, & quand la Nature dans quelque Canton reffuse les modifications nécéssaires, sa main sçait y pourvoir.

Si

Si nous considérons donc le terrain de la Sicile dans son état passé; c' est-à-dire; depuis la création jusqu' à la premiére éxistance des Volcans, ou plu-tôt jusqu'au moment ou la fermentation des matiéres renfermées dans l'intérieur de ces grands laboratoires de la Nature se fût manifestée d'une maniére aussi forte; nous observerons que ce terrain à été fertile par ses propres forces, mais ses produits ont du avoir moins de saveur, moins de haut gout, si j' ose le dire, vû qu' aucun sel pour ainsi dire n'animait la végétation, & que tous les fruits de la terre étaïent enfans de la chaleur, & de l'humidité opérant sur la baze d' un germe quelconque. Mais du moment que la fermentation intérieure eut donné l'eslor aux principes renfermés dans le sein de la terre, non seulement cette derniere changea de face quant à son extérieur, mais encore toutes ses productions se ressentirent d' une nouvelle influeuce. La terre Argilleuse unie à des principes huileux devint Bollaire; la même admettant dans son sein des dissolutions Métalliques vit naître une substance etrangére connue sous le nom d'Ochre. Un mouvement universel se mit dans tout la Machine, l'Eau n'avait pû faire que des agrégations, la fermentation, le feu firent des Compositions nouvelles, l'alliage forcé de deux substances quelconques produisit une troisiéme substance neutre, qui bientot, comme un autre Polipe a peine n'ée elle même, engendrait à son tour. De cette façon la face de la terre à été changée, & les pays qui se trouvaient les plus exposés par leur voïsinage à ces changemens, en ont eprouvés de plus violens on du moins de plus marqués. De là sont venus les innombrables Natures différentes, à l'étude desquelles à peine suffit la vie humaine; de là est née, du moins en partie, la prépondérance de la fertilité d' un terrain sur un autre, à cette même force sont dûes toutes les Vitrifications naturelles &c. Cet état que j'appelle l'Etat présent de la Sicile, durera-t'il autant que le Monde? ou bien les forces épuisées de la fermentation, rendront elles à l'action également agissante de la matiére la faculté de remettre les choses dans leur premier Etat, & par conséquent celle de rendre la Nature à sa premiére simplicité? Voici le futur Etat que j' envisage, voici le champ des conjéctures. Livrons nous y pour un moment, sans donner pourtant à aucune d'elles une consistance systématique.

La majeure partie des hommes crie contre l'abatardissement de la Nature & par conséquent contre celle de l'espéce humaine. Quelles sont les preuves qu'ils aléguent? Les voici: Turnus souleve & jette contre Enée une pierre pésant quinze cent, & Pierre ou Paul consideré comme l'individû le plus robuste de ce siécle est regardé comme un homme merveilleux par ce qu'il en porte la moitié: L'espéce humaine à donc degénerée! Tant de champs privilegiés de la Nature donnaïent jusqu'à trois recoltes par an, bien peu sont en état d'en donner deux, dit-on aujourd'hui. Donc la terre est épuisée! faux raisonnement & plus fausse conclusion encore dans tous les deux câs. Je vais le prouver en peu de mots. Les hommes de ce siécle en général ne sont point aussi vigoureux que l'étaïent nos ancétres,

cétres, c'eſt vrai, mais ce n'eſt pas le cours de la Nature qui à opéré ce changement en eux. Le déffaut de nouriture ſuffiſante d'un coté, l'abus d'une nourriture trop ſubſtantieuſe de l'autre, une education délicate, le manque d'exércice, les travaux ſédentaires, les jouiſſances précoces, la vie déréglée & les maladies emanantes de ces déſordres; voila la ſource de la déterioration apparente de l'eſpéce humaine. Mais ſi l'on porte ſes regards ſur ces cantons où le luxe, la mode & les excés n'ont pas pu pénétrer encore. On trouvera des hommes, contemporains des Phantomes ambulans, qui nous font croire la Nature épuiſée, jouïr encore de toutes les prérogatives des prémiers âges. Ce que nous avons dit-ici des hommes peût ſe rapporter en général à la terre. Dans les pays où les influences de l'air ſont moins favorables, où la proximité des Volcans ne répand point ſur les champs des exhalaiſons huileuſes & ſalines, où enfin l'engrais n'eſt pas auſſi abbondant, ſoit pour la quantité, ſoit pour ſa qualité alkaline, au bout d'un an, ou de deux, ou tout au plus an bout de trois ans, le terrain demande du repôs, & il faut le laiſſer en friche pour le moins une année. Dans les compagnes heureuſes de Naples & de Sicile la terre non ſeulement ne connait point de repôs, mais encore le même terrain alimente pluſieurs produits différens, & offre une recolte pour chaque ſaiſon. Une terre affaiblie & détériorée dans ſes principes ſuffirait-elle à tant d'éfforts? non aſſurément. Cela nous prouve que l'action continuelle de la matiére eſt toujours la même, & que ſon prétendu épuiſement ne parait que dans les Etres qui ont abuſés de leurs prérogatives.

Mais ſi l'action de la matiére eſt continuelle, permanente & éternelle réſpéctivement à ſa durée, les Phénoménes particuliers qui arrivent dans la Natnre n'ont pas les mêmes droits. Un déffaut d'equilibre dans l'air occaſione une inflammation ſubite, il part de la nuë un foudre déſtructeur, dans ſa direction il atteint un Etre quelconque, ſa violence le détruit, l'individu frappé n'exiſte plus: mais le rétabliſſement de l'équilibre dans le vuide à rendu le calme à la Nature, & au bout de quelque tems on ne s'apperçoit pas même des ravages dont on ſe plaignait il y a peu. Il en eſt de même des changemens opérés par les Volcans. La fermentation éxcite les corps les uns contre les autres, l'efférveſcence augmente avec le tems, enfin elle ſe maniféſte avec tant de violence, que la Nature entiére parait céder à ſa puiſſance. Les Principes cependant diminuent, les effets céſſent avec l'affaibliſſement de leur cauſe, les Cratéres n'ont plus de matiére à vomir, les Cones Volcaniques n'etant plus ſoutenus par l'action intérieure s'affaiſſent ſous leur propre poids. La main du tems décompoſe, avec le concours de tous les êtres de la Nature, les monumens les plus ſolides des Volcans. Tout avec le tems rentre dans la Claſſe premiére, redevient terre, ſol fertile, ſuffiſant aux beſoins des Etres habitans ſur ſa ſurface, & petit-à-petit la Nature reprend des droits qu'une force puiſſante mais paſſagère avait uſurpé ſur elle. Ce que je dis là n'eſt pas fondé ſur des ſimples conjectujectures. Tant de Volcans éteints, tant de Cones Volcaniques devenus Colines fertiles & riantes, tant de Cratéres affaissés changés en valons délicieux, sont autant de preuves de cette vérité. La conclusion que j'en tirerai peut seule être regardée comme conjecturale. Mais sans donner à ces idées une consistance Systématique, je crois que sur ces sortes de matiéres il est permis à chacun d'adopter une croïance analogue à sa persuasion, & émanante des résultats de ses observations.

Il me parait que s'il y à quelque affaiblissement sensible dans la Nature c'est dans la plûpart de ses Phénoménes, sourtout dans l'action des Volcans, que nous voïons faiblir journellement. Les changements que je m'en prométs ne sont pas aussi proche, c'est encore l'Ouvrage de plus d'un siécle, mais à l'aide du temps, leur puissance diminuera, la Nature reparant les injures qu'elle en à reçu annihilera jusqu'au souvenir de leur éxistance, les Principes que leur effervescence à rapprochés se trouveront une autre fois dispersés & dispar is par une main économe, & la terre, rendue à sa premiére simplicité, rentrera dans ses premiers droits, & jouïra de sa premiére vigueur. C'est ce que j'appelle le troisiéme Etat de la terre. Ayant été plus exposée aux horreurs du second, la Sicile sera peut-être la premiére à gouter les douceurs du repôs que j'envisage. Plut au Ciel que les hommes éprouvassent la même révolution ! & qu'en conservant les bien faits que les Sciences & les Arts ont répandus sur eux, ainsi que la terre se rendra un jour propre les sels préparés par les Volcans, ils puissent également rentrer dans les prérogatives de leur premiére vigueur, & jouir des tranquiles avantages de leur premiére innocence, aidée dans leurs besoins par l'expéricnce & par une saine Philosophie.

LITHO-

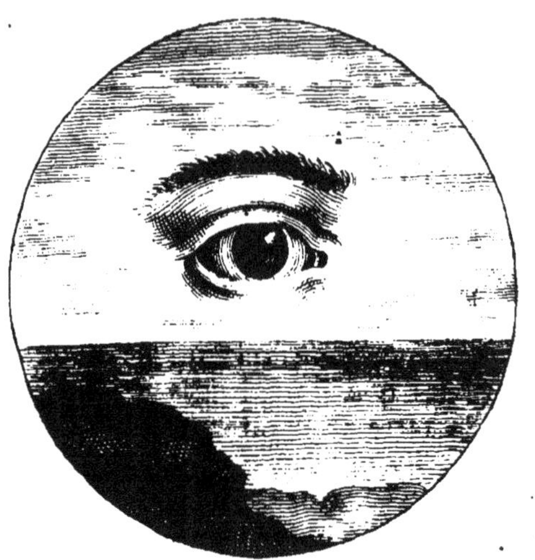

LITHOLOGIE SICILIENNE

OU CONNAISSANCE DE LA NATURE DES PIERRES DE LA SICILE.

CHAPITRE I.

De la manière de reconnaitre dans les pierres les ſubſtances différentes qui concourent à leur formation reſpéctive.

L'Effervescence des Acides ſur une pierre, dénote la préſence d'une terre Calcaire; Cette action moins ſenſible, fait reconnaitre la terre Refractaire; un ſilence parfait de ces principes, prouve dans le corps touché une terre Vitrifiable. Cette manipulation ſimple mais ſûre, ſuffit pour diſcerner les trois qualités de terre dans les corps qu'on veut décompoſer; Mais c'eſt auſſi à cette ſeule connaiſſance qu'eſt limité ſon pouvoir, & dans une Analyſe plus approfondie, il faut emploïer d'autres réactifs plus propres à nous éclairer dans l'indagation des détails plus particuliers, plus Caractériſtiques, ou quelque fois ſimplement accidentels.

L'action

L'action des acides sur la terre Calcaire nous fournit beaucoup plus de moïens pour annalyser les produits tenant à elle que tous ceux qui proviennent d'une terre Vitrifiable ou Refractaire. Mais comme les Sciences & les Arts sont freres, il doivent se donner des secours mutuels. Qu'importe de sçavoir lequel d'eux nous sert plus ou moins, pourvû que la masse de leurs éfforts réunis ajoute à la masse de nos connaissances, recule les limites de notre ignorance, & fixe des doutes aussi injurieux à la Nature, qu'à l'humanité.

Tout Corps éxistant sur notre globe ne peut être formé que du concours d'une, ou de plusieurs, terres, de Celui des acides, des alkalis, des Sels, des huiles, enfin dela déstruction des animaux, des celle des plantes, ou bien de la minéralisation, ou de la dissolution des métaux.

Dans les produits tenant à la terre Vitrifiable toutes les particules les plus hétérogenes même, se trouvant dans un état de rapprochement, soit par leur qualitè naturelle, soit par l'action d'une coction accidentelle ou inhérente, opposent à la stypticité des acides une surface si lisse que ne pouvant nulle part s'attacher à ces corps, les mordants les plus violens glissent sur cet émail, & par conséquent ne peuvent le décomposer. En concassant, en pulverisant même ces corps, on nefait qu'atténuer les parties, mais l'on ne sépare point les substances, & de cette maniére loin de pouvoir conclure quelque chose de fixe à ce sujet, l'on ne fait que confondre les Idées, qu'une observation faite avec l'orgâne seul de la vuë aidée ensuite par la refléction & la combinaison des effets produits par des Causes différentes, aurait pû débrouiller, & fixér dans le prémier moment.

C'est donc dans toute l'intégrité possible de ces corps qu'il faut juger & reconnaitre les substances qui peuvent concourir à la formation respéctive des corps rélatifs à la terre Vitrifiable & c'est sur ce principe que j'ai fait l'analyse que j'offre dans cet Ouvrage. Quant a l'indagation des substances constituantes les corps tenant à la terre Calcaire, elle demande un tact moins fin, & peut être étaïée par les resultats de plus d'un réactif. Par éxemple: tout corps Calcaire soumis

mis á l' action d' un acide se dissout en poudre inpalpable paraissant a l' oeil n' avoir aucune configuration déterminée, & ayant l' air d' un tâs de particules impercéptibles nées du brisement d' un corps plus considérable vigoureusement attaqué par le choc d' un Principe plus puissant. Mais toutes ces particules ont une configuration également pronnoncée, l' oeil peut s' en assurer a l' aide d' un microscope; il me parait cependant que pour en être persuadé il doit suffire au raisonnement de considérer que l' action d' un acide quelconque n' est pas l' impulsion aveugle ou capricieuse d' une force muë par le hazard, ou par l' ignorance: c'est une tendance constante vers le même but tenant aux loix générales de la Nature mise en mouvement par les ressorts d'un prémier Principe, entrainée par, l' enchainement des Etres, & ne devant cesser qu' avec l'annihilation, ou l'abatardissement de ces Principes. Qu'on ne s'y méprenne donc point par une analyse superficielle, chacune de ces particules dénote la substance à la quelle elle tient. Les Cubes désignent le sel Marin, la Marcassite vulgaire, & le Plomb; les Aiguilles, le Nitre; les Rhombes, les Spaths & la Sélénite; les Piramides, l'Etain; les Prismes héxagoneaux, le Crystal; l' Octaédre, le fér, les Pirites, l' Alun &c.

Toutes les couleurs provenues des vapeurs métalliques s'enlevent par les acides, & par le feu simple, mais un peu puissant. Toutes celles qui proviennent de la déstruction des plantes sont plus fragiles encore par la raison d' un Principe moins puissant, & on le reconnait aisément par les vicissitudes que leur fait éprouver la présençe d' un Acide, ou bien celle d' un Alkali.

Quand' on à des doutes sur la configuration de ces particules décolorées par un acide, le feu est le Toucheau le plus sûr qu' on puisse employer pour fixer son irrésolution.

La Conflagration de ces particules dénote tout de suite le Principe qui les alimente, & qui, aprés la déstruction de la terre Calcaire à échappé à l'action des acides.

Ainsi.

Une odeur d'ail, dénote la présénce de l' arsénic.

Une odeur huileuse, celle de quelque bitume décomposé,

 & dont

& dont l'agent acide se será séparé pour se joindre à l'acide agissant.

Une odeur Empyreumatique, la décomposition des plantes.

Une odeur de foye de souffre, la déstruction animale, & la jonction d'un alkali avec la terre Calcaire.

Une odeur de fleurs de pêchers, la presence du Phlogistique uni a l'alkali volatil.

Une odeur safranée, celle de l'acide Marin.

Une odeur sulphureuse, celle de l'acide vitriolique.

Une odeur Empyreumatique acidule, celle del'acide Phosphorique.

Ainsi des autres substances: Chacune d'elle dans la combustion produit un autre odeur, plus facile a connaître par l'usage, qu'a définir la plume à la main.

La Terre Refractaire qui se rapproche de ces deux terres par son Principe, sans être ni l'une, ni l'autre, la terre refractaire, dis je, doit être alternativement soumise aux méthodes usitées pour toutes les deux, & demande dans son analyse la main la plus adroite, & le coup d'oeïl le plus pérçant. & bien souvent rébelle à toutes les deux, elle offre dans le résultat une Conclusion fausse, par l'omission de quelque formalité reputée puérile à l'apparence. Cela m'est arrivé si souvent à moi même, que je me crois obligé d'en avertir tout Naturaliste voulant courrir la même carrière, affin de luy épargner le désagrement de recommencer vingt fois, & toujours infructueusement la même oppération.

Telle est la méthode que j'ai observée dans mes analyses, l'application en est nouvelle, mais elle est fondée sur des Principes reconnus de tous tems pour sûrs, & incontéstables.

Je crois avoir suffisament démontré la maniére d'y proceder, je vais passer à présent au développement des substançes contenues dans les différens corps que j'ai annalysé suivant ce principe.

CHA-

CHAPITRE II.

Des produits tenant à la terre Vitrifiable.

CLASSE I.

Des Pierres de Roche.

SECTION I.

Des Pierres de Roche Argilleuses.

EVitant dans cet Ouvrage tout ce qui peut avoir l'air systématique je n'examinerai point si les pierres de Roche sont d'une formation primitive, ou secondaire s'ils ont de tout tems servi de carcasse a la machine de notre Globe, ou bien si c'est l'Ouvrage de la mer, & du tems. Ayant également déstiné un Ouvrage séparé pour traiter des produits volcaniques, je n'analiserai dans ce Chapitre que les pierres de Roche Argilleuses, ou Arenaires, ne maniféstant point à l'apparence l'action, quoiqu'acidentelle mais violente, d'un feu volcanique.

N.ro I. Nom. *Pierre Argilleuse rougeâtre de Taormina.*

Qualités. Son grain est, asses uni, mais le Ciment qui lie les parties agrégées n'est point asses dur pour reçevoir le poli; sa Couleur est d'un rouge pâle comme celui de la pierre dont presque toutes les maisons de Bâle (Augusta Rauracorum) sont Bâties.

Nature. Baze de terre Vitrifiable paraissant a l'œil être colorée par un Ochre férrugineux, mais en réalité ne contenant pas la plus légére dissolution de ce métal, & ne devant cette nuance qu'à la téinte générale de la glaize des environs.

N.ro II. Nom. *Pierre Argilleuse Grise de Taormina.*

Qualités. Grain très moëlleux au toucher, Ciment très dur, Couleur gris de fer, recevant un poli terne, & se brisant en éclats de bouteilles.

Nature. Baze de terre Vitrifiable colorée par l'argille des environs; contenant un acide marin asses sensible dont la

 prépresence lie plus étroitement les parties, & par conséquent oppose plus de résistance à l'action du corps dont le frottement procure le poli.

N.ro III. Nom. *Pierre Argilleuse blanche, de Messine*.

Qualités. Grain friable jusqu'a un certaint point, Couleur blanche sâle, se taillant au couteau dans la carriére comme la Pierre arenaire.

Nature. Baze de terre Vitrifiable, colorée par un argille blanche sabloneuse dont l'eau de pluïe seule compose souvent des masses assès considérables, mais qui ne se forme en couche que là ou l'ecoulement d'une eau courrante l'étend également sur une surface plâne, ou bien diagonale; & en s'évaporant aide à la déssication du tout, au rapprochement des parties, & à leur liaison par le moyen des sels quelle y dépose.

N.ro IV. Nom. *Pierre Argilleuse blanche, du fleuve de Niso*.

Qualités. Grain fin compact, Couleur blanche de lait, Ciment dur, impérceptible, recevant un polli brillant, & velouté, & se cassant par fragmens.

Nature. Baze de terre Vitrifiable extrêmement fine, & de la nature de celle dont on fait la porcellaine excépté quelle est encore plus blanche. Colorée par elle même, contenant acide marin.

N.ro V. Nom. *Pierre Argilleuse grise du fleuve de Niso*.

Qualités. Grain fin, Couleur tirant sur celle de la Bardille de Gênes, prenant un lisse terne; cette pierre est peu-aisée à travailler à cause de quelques grains plus durs qui s'y rencontrent de tems en tems.

Nature. Baze de terre Vitrifiable colorée par l'argille à potiers, terre pyriteuse dont les grains métalliques non minéralisés encore ébréchent souvent le Têtû; ou tel autre instrument qu'on employe a la taille.

N.ro VI. Nom. *Pierre Argilleuse jaunnâtre du fleuve de Niso*.

Qualités. Grain grossier, & mal cimenté. Couleur jaune pâle, se brisant facilement & faisant beaucoup de poussiére.

Nature. Baze de terre Vitrifiable colorée par un Hépar sulphuris trés abbondant, & qui me l'à dábord fait prendre pour

pour un moëlon calcaire, ou du moins refractaire. Mais comme la presence du souffre n'y est qu'accidentelle, a cause de l'abbondance de ce minéral dans le voisinnage, & que la pierre d'après plusieurs éssais que j'en ai fait ne m'a produit que de la terre vitrifiable, je l'ai classée dans la série des terres argilleuses.

N.ro VII. Nom. *Pierre blanche à veines bleuâtres, du fleuve de Niso.*

Qualités. Grain fin compact, couleur blanche a veines bleuâtres souvent ternies, & tirant sur le verdâtre.

Nature. Baze de terre Argilleuse colorée dans la masse par l'argille blanche fine, ou à porcelaine, & dans les veines par l'azur de montagne dont la ternissure provient souvent de la dissolution de pyrites Cuivreuses qui abondent dans ce lieu. Cette Pierre Argilleuse environne le Quartz blanc à veines bleuâtres qui sert de gangue alors au Lapis-lazuli qu'on trouve dans ce fleuve, & au cuivre qu'il charie, dont nous parlerons dans des articles séparés.

N.ro VIII. Nom. *Pierre Argilleuse Noirâtre, de Jaci Reale.*

Qualités. Grain grossier, Ciment faible, mauvaise pierre pour la bâtisse, couleur de cendre un peu noirâtre.

Nature. Baze de terre Vitrifiable colorée par une argille grise sabloneuse, assés friable, & cimentée par l'eau seule.

N.ro IX. Nom. *Pierre Argilleuse Rougeâtre, de Catania.*

Qualités. Grain fin, mais mal lié; Couleur rougeâtre foncée; ciment blanchâtre se brisant facilement.

Nature. Baze de terre Vitrifiable cimentée par une dissolution d'acide vitriolique avec une argille blanche qui à formé une espéce d'alun, sa couleur rougeâtre lui vient d'une dissolution ferrugineuse ochracée très faible. C'est le seul endroit de la Sicile qui maniféste visiblement la presence, du fer encore est ce par une dissolution très délayée, C'est dans les creux de cette roche qu'on trouve le terre rouge sigillée de Catania, à la quelle on attribue tant de merveilles, & qui n'est autre chose qu'une espéce de Guhr de Roche très peu métallique a baze de terre Vitrifiable, & rendu un peu stiptique par l'impregnation des particules argilleuses de l'acide vitriolique uni, comme

comme nous l'avons dit cy-dessus à de l'argille blanche qui se trouve mêlée avec l'argile colorée qui est de la même qualité, mais dont l'apparence a été seulement dénaturée par la presence d'une dissolution ferrugineuse.

N.ro X. Nom. *Pierre Argilleuse, du fleuve de Saint-Paul anciennement dit Symete.*

Qualités. Grain grossier, Ciment mal lié, couleur grise foncée, se brisant facilement.

Nature. Baze de terre Vitrifiable liée par la presence d'un peu d'acide marin. Colorée par l'argille grise sabloneuse.

N.ro XI. Nom. *Pierre Argilleuse blanche sâle de Syracuse.*

Qualités. Grain médiocrement fin. Ciment jaunâtre, Couleur blânche sâle, veines jaunes.

Nature. Baze de terre Vitrifiable cimentée par l'acide marin; colorée dans son tout par une argille blanche sabloneuse sâle, & dans ses veinages par un alkali volatil uni a quelque peu de terre Calcaire. Cette pierre sert de salband comme disent les Allemands, ou d'enveloppe à la pierre calcaire de Siracuse, & au Tuf coquiller dans le quel sont creusées toutes les Latomies, & qu'on employe encore aujourd'hui dans toutes les bâtisses.

N.ro XII. Nom. *Pierre Argilleuse brune, de Noto.*

Qualités. Grain grossier, Ciment faible, Couleur fauve, brune.

Nature. Baze de terre Vitrifiable cimentée par l'acide vitriolique, colorée par la terre brune de Montagne.

N.ro XIII. Nom. *Pierre Argilleuse grise, de Raguse.*

Qualités. Grain fin, Ciment impérceptible, Couleur grise foncée, se rompant avec beaucoup de résistance.

Nature. Baze de terre Vitrifiable cimentée par l'acide vitriolique, colorée par l'argile grise à potier. Une qualité particuliére qu'a cette pierre malgré le tissû serré qui lie ses parties, est de s'imprégner si fortement de pétréole qu'il en change la couleur naturellement blanchâtre. Dans cet état cette pierre devient noirâtre, sent fortement le bitume de Montagne, sans même qu'on la frotte, comme on à l'usage d'agir à l'égard des pierres suiles, pour leur faire exhâler l'odeur qu'elles récelcéllent. En la faisant bouillir dans une marmite pleine d'eau, la pierre se couvre de bouillons qui, venant à se créver l'un après l'autre dégagent un air bitumineux à baze d'acide vitriolique, & en imprègnent fortement le fluide dans lequel se trouve la pierre. A la longue cette substance se dépouille de son pétréole, sans pourtant se décolorer ni laisser des porosités apparentes.

N.ro XIV. Nom. *Pierre Argilleuse blanche sâle, de Butera.*

Qualités. Grain grossier, Ciment asses fort, Couleur blanche sâle. Plus tendre dans le centre du bloc qu'aux extrémités.

Nature. Baze de terre Vitrifiable cimentée par l'acide vitriolique, colorée par un argile blanche sâle sabloneuse pétrifiable au contact soutenu de l'air.

N.ro XV. Nom. *Pierre Argilleuse grise, de Palma.*

Qualités. Grain fin, Ciment asses fort, Couleur tirant sur le gris.

Nature. Baze de terre Vitrifiable cimentée par l'acide marin; Colorée par l'argille à foullon qui abonde dans les environs, mais sous terre.

N.ro XVI. Nom. *Pierre Argilleuse blanche sâle de Licata.*

Qualités. Grain grossier, Ciment faible, Couleur blanche tirant sur le jaunâtre.

Nature. Baze de terre Vitrifiable cimentée par l'acide vitriolique, colorée par un'argille blanchâtre jaunie dans les endroits ou l'acide vitriolique à séjourné quelque tems. Il pourrait avec le tems s'y former une miniére d'Alun, mais l'eau continuelle qui passe dessus, lave & emporte toute combinaison naissante.

N.ro XVII. Nom. *Pierre Argilleuse grise, du fleure Durillo.*

Qualités. Grain fin, Ciment dur, Couleur grise brune.

Nature. Baze de terre Vitrifiable cimentée par l'acide vitriolique, & colorée par l'argille grise à potier. C'est dans cette roche pour la plus part que se trouvent les couches de l'agate jaune de ce fleuve.

N.ro XVIII. Nom. *Pierre Argilleuse bollaire grise, du fleuve Durillo.*

Qualités. Grain très fin, Ciment savonneux, Couleur grise foncée.

Natu-

Nature. Baze de terre Vitrifiable cimentée par la graiſſe de l'argille même déſſéchée & comprimée par l'action d'un acide vitriolique très léger, colorée par l'argille griſe à Potiers.

N.ro XIX. Nom. *Pierre Argilleuſe ſaponara*, *de Centorbi*.

Qualités. Grain très fin, mais conglobé en petits grumeaux. Ciment ſavonneux, Couleur blanc-jaunâtre.

Nature. Baze de terre Vitrifiable cimentée par un ſuc huileux propre à cette pierre ſeule, au moins de ma connaiſſance; colorée par un alkali volatil. Cette pierre malgrè ſa dureté apparente ſe diſſout peu à peu dans l'eau, & y forme une écume blanche, graſſe, à gros balons, comme le ſavon de Naples. Cette graiſſe s'unit très bien a l'eau & pourrait en cas de beſoin ſervir à laver le linge. Mais il en vient en trop petite quantitè pour en faire un objet de commerce. Cette facilité de ſe diſſoudre dans l'eau m'arretâ long tems & je croyais devoir plûtôt placercette ſubſtance dans la claſſe des argilles durcies comme les bols par exemple plutôt que parmi les pierres argilleuſes, mais ſon extrême dureté m'a enfin décidé à ſuivre ce dernier parti. Toute fois il eſt bon d'obſerver que cette pierre expoſée au contact de l'air ne conſerve pas long tems ſa dureté, mais devient friable, grumeleuſe, & fait même une mauvaiſe écume. Les habitans du pays voyant l'empréſſement des Etrangers pour ſe procurer cette ſubſtance ſinguliére, corrigent la parſimonie de la Nature dans la production de cette pierre en offrant à ces derniers à ſa place une terre jaunâtre grumeleuſe, à peine bollaire, qu'ils ont ſoin de détremper avec du ſavon, & de rouler en petites boules plus, ou moins grandes, ſuivant la configuration ordinaire que prend cette pierre. Ce qu' il y' a encore de particulier rélativement a cette pierre, c'eſt qu' elle prend cette configuration ſphérique ſans gêode, ſans matrice, & par le ſeul frottement circulaire dans les fiſſures d' un rocher dont je claſſe la pierre parmis les produits Volcaniques. On l' appelle dans le pays *Pietra Saponara* du nom, qu'on donne à la plante qui produit le ſel de ſoude un des principaux Agens du ſavon.

N.ro XX. Nom. *Pierre Argilleuſe brune*, *des montagnes de Girgenti*.

Qualités. Grain groſſier, Ciment faible, Couleur tirant ſur le gris de fer.

Natu-

Nature. Baze de terre Vitrifiable cimentée par l'acide marin, colorée par l'argille ſabloneuſe griſe elle eſt aſſés bonne pour la batiſſe quoiqu'elle ſoit un peu peſante.

N.ro XXII. Nom. *Pierre Argilleuſe griſe*, *de San Giuliano du cotè de la Sambucca*.

Qualités. Grain fin, Ciment dur, Couleur griſe claire.

Nature. Baze de terre Vitrifiable cimentée par l'acide vitrolique, colorée par l'argille griſe mélée d'un peu d'argille blanche.

N.ro XXIII. Nom. *Pierre Argilleuſe blanche ſâlede Caſtrogiovanni*.

Quantités. Grain fin, compact, Ciment dur, Couleur blanche ſâle.

Nature. Baze de terre Vitrifiable cimentée par l'acide marin colorée par l'argille blanche.

N.ro XXIV. Nom. *Pierre Argilleuſe blanche jaunâtre*, *de Caſtrogiovanni*.

Quantités. Grain fin, Ciment dur, Couleur blanche jaunâtre.

Nature. Baze de terre Vitrifiable cimentée par l'acide marin, avec l'addition d'un alkali volatil, & un peu de marne blanche ce qui la rend un peu jaunâtre.

Voici la ſérie de toutes les varietés des pierres argilleuſes de la Sicile, bien ſouvent ſans aucune communication ſoit apparente, ſoit effective les même maſſes ſe retrouvent en d'autres lieux, mais comme je ne fais point la Carte minéralogique de ce Royaume je erois qu'il ſuffit d'avoir indiqué toutes les varietés des ſubſtances d'une même claſſe qui s'y trouvent.

SECTION II.

Pierre Arenaire.

N.ro I. Nom. *Pierre Arenaire*, *de Meſſine*.

Qualtités. Grain très gros, Ciment puiſſant, Couleur jaunatre melangée de noir.

Nature. Baze de terre Vitrifiable cimentée par l'acide marin, colorée par des vapeurs métalliques comme preſque tous les ſables de nature argilleuſe, & lâchant facilment cette teinte dans le feu.

E

Nom.

N.ro II. Nom. *Pierre, Arenaire de Taormina.*

Qualités. Grain plus fin, Ciment puissant, Couleur jaunâtre.

Nature. Baze de terre Vitrifiable cimentée par l'acide marin, colorée par l'alkali volatil.

N.ro III. Nom. *Pierre, Arenaire, de Catania.*

Qualtités. Grain médiocre, Ciment faible, Couleur jaunâtre pâle.

Nature. Baze de terre Vitrifiable cimentée par l'acide vitriolique, colorée par une dissolution ochreuse d'aucun usage pour la bâtisse, trop friable.

N.ro IV. Nom. *Pierre Arenaire de Siracuse.*

Quantités. Grain médiocrement fin, Ciment frable dans la carrière mais se durcissant à l'air, Couleur jaunâtre quelque fois mélangée de blanc.

Nature. Baze de Terre Vitrifiable Cimentée, par l'acide marin, colorée par l'argille jaune des environs. Le blanc qu'on y remarque de tems en tems, provient d'une argille blanche fine qui s'y trove melée, & qui y produit la même bigarure, que font naitre les débris des testes des coquilles dans le tuf coquiller de cette même ville.

N.ro V. Nom. *Pierre Arenaire grise, de pietra Perzia.*

Qualités. Grain grossier, Ciment puissant, Couleur grise.

Nature. Baze de terre Vitrifiable cimentée par l'acide vitriolique, Colorée par une déguslation d'argille sabloneuse grise délayée par les eaux superieures.

N.ro VI. Nom. *Pierre arenaire de Saint-Martin pres Palerme.*

Qualités. Grain médiocrement fin, Ciment asses fort, Couleur jaune grisâtre.

Nature. Baze de terre vitrifiable Cimentée par l'acide marin, Colorée par l'argille sablonneuse des environs.

CLASSE II.

Des Pierres de Roche Agregées.

N.ro I. Nom. *Roche Agregée, du Cap de Milazzo.*

Qualités. Fond rabotteux parsemé de cailloux de diverses couleurs, Ciment faible.

Natu-

Nature. Baze d'argille grise sabloneuse vitrifiable cimentée par l'acide marin mais si délayée, & si friable qu'il cede auxcoups de marteaux & l'argille désséchée lâche les cailloux qu'elle renferme, & se sépare elle même en poussiére ou en grumeaux. Si le ciment était un peu plus fort cela ferait une espéce de bréche d'autant plus éstimable que le fond, & les accéssoires seraient de nature vitrifiable, cette pierre est colorée par l'argille grise sabloneuse des environs.

N.to II. Nom. *Roche agregée de la Trizza prés de Jaci Reale*.

Qualités. Fond plus uni, cailloux petits & tous grisâtres, Ciment faible, Couleur grise fauve.

Nature. Baze d'argille grise jaunâtre vitrifiable, cailloux formée des débris des pierres arenaires, & argilleuses des environs roulés, & arrondis par la mer, Cimentée par l'acide marin tout aussi friable que celui du précedent article, colorée par un argille grise fauve des environs.

Cette espéce de roche ou de bréche vitrifiable non mûre se trouve assés abondemment sur les côtes de la Sicile & même quelque fois dans les terres, comme elle ne différe dans ses variétés que par une téinte plus forte, ou plus légére relativement á son fond, & que quant au reste c'est toujours la même chose je me bornerai à ces deux especes que j'ai analisées. Un Naturaliste plus rigide voulant éntrer dans un plus grand détail à cet égard trouverait de cette roche, à Carlentini à Maggarelli, à Saint-Giuliano, au Cap Silibec, à Termini, à Cefalu, à Capo d'Orlando, à Citro-Giovanni, à Santa Catarina &c.

CLASSE III.

Des Grés.

Les Grés pourait êtres considérés aussi comme une espéce de roche agregée puisque c'est par l'agrégation de beaucoup de parties hetérogénes qu'est formé son tout, mais comme ces partiés qoique d'une nature souvent bien différente n'offrent point a l'œil la bigarure d'une bréche ou bien celle d'une roche agregée nous en avous fait une Classe séparée.

Avant que de déscendre dans un détail plus particulier, il est bon d'observer qu'il ya en Sicile deux sortes de grès, l'un connu sous le nom de grès ordinaire, l'autre appellè par les Naturalistes grès feuilleté. On peut ranger dans la prémiére Classe.

Le Grès mélangé de Carlentini composé de grains de Spath & de Cailloux Silex cimenté, & mastiqué ensemble par l'acide marin.

Le Grès de Saint-Catherine composé d'un sable grossier, & un peu de gravier également cimentés par l'acide marin.

Enfin les grès de Termini, de Capo d'Orlando, de la piana d'ei Greci, de San-Giuliano &c.

Le Grès feuilleté beaucoup plus rare, se trouve cependant asses abondamment en Sicile particuliérement à Saint. Stefano di Bivona à Baida, à Castrogiovanni, un peu du Côté de Paternò prés de Catania, & à Messine allant à Taormina.

La Nature de ce grès est entiérement semblable à celle du premier, il n'en différe même que par l'apparence lamelleuse qui lui à fait donner le nom de feuilleté, & qu'on peut attribuer au même principe qui effeuille la terre feuilletée de de Baïda, de Siracuse, de Volcano, de Palerme, de Rome, de Calabre &c. C'est-à-dire la dilation de l'air entre les couches différentes des particules terrestres apportées, & déposées en surface plâne par l'eau sur un corps quelconque, tant que ces particules sont détrempées par l'eau, & ne forment qu'un tout délayé & boueux, l'eau servant de Véhicule à l'air extérieur: le fait communiquer avec l'air intereur, ou renfermé dans ce corps nouvellement formé. Mais à peine la Chaleur des rayons du soil, ou bien le seul contact continuel de l'air extérieur servant de dissolvant a l'eau qui détrempe ces parties l'à fait évaporer, les particules terrestres privées des globules aqueueses qui remplissaïent les interstices des unes aux autres, par leur propre poids de gravitation se précipitent l'une vers l'autre, se cimentent plus, ou moins fortement, soit par juxte-position, soit par le presence de quelque acide, & tendent à former un tout. L'air intérieur oppressé, & condensé malgré lui cherche à reprendre son elasticité, & pour peu qu'il trouve, un debouché, ou un coté opposant une résistance moins

moins forte a son action il s'echappe, & dans le moment qu'il rétablit l'equilibre il donne une secousse si violente au corps qui l'emprisonnait, qui le fend transversalement en autant de couches que l'eau en a déposée elle même dans le moment de sa formation.

Ce n'est pas la seule qualité des particules terrestres qui fait différencier les grès foliés de la terre lamelleuse, cela depend aussi beaucoup du ciment qui les lie, le plus, ou le moins de puissance de cet Agent produit les Ardoises, les Schistes, les Grès, & les terres feuillées.

Ceque j'ai dit au sujet de l'action de l'air oppressé par les particules terrestres, & cherchant à reprendre son élasticité, ne s'étant pas seulement sur les terres, & les grès feuilletés, c'est applicable aussi aux métaux mêmes. J'ai vû en 1775. à S.t Bel, & à Chesi dans les fourneaux de fusion dirigés par M.r: Jars & Blanchet dont les talens sont aussi bien connus dans l'étranger, qu'en France. J'ai vû dis-je un Culot de Cuivre Rozette de plusieurs quintaux dans un état de demie fusion par la seule aspersion d'un peu d'eau froide par le même principe se séparer en une très grande quantité de lames d'une ligne, & demie, deux lignes au plus d'épaisseur.

Dans les *Mollieres*, ou *Meullieres* de Saint-Etienne en Forez on voit des exemples plus frappans de cette vérité. Bien souvent dans le sein des meules qu'on employe pour remouler les Canons de fusils, ou bien simplement les lames de Couteaux, sera, sans qu'on le sache, un Vuide dans lequel se trouvera comprimée à l'excès une globule d'air emprisonnée dans le tems de la formation de la pierre même. Dans le moment du remoulage, l'action de la friction du métal contre les grains terrestres usant mutuellement l'un, & l'autre, à la longue découvre ces loges, dans le même instant l'air condensé ouvre la parois la plus faible de sa prison, & fort souvent avec tant de violence que non seulement il brise la meule en plusieurs éclats, & écrase le misérable Ouvrier occupé de son labeur, & obligé par sa position de se trouver suspendu dessus la meule; mais encore emporte le toit, & renverse la maison

ou

ou l'on travaille (a). Moins de puissance dans la cause, donne moins d'efficacité à l'effect; mais dans l'un, comme dans l'autre cas, c'est toujours le même Principe qui conduit les agens.

CLASSE XIII.

Des Tufs Argilleux.

Le Tuf d'ordinaire est une Concrétion pierreuse calcaire différant peu des Stalactites, mais il en est dont la Baze étant glaiseuse, il est plus compact, ou du moins, moins poreux que le Tuf Calcaire. Je parlerai de chaqu'un d'eux dans les Chapitres qui leurs sont déstinés. Quand au premier il est asses abondant en Sicile & ses débris ne concourent pas peu à la fertilité du sol de cet heureux pays: en voicy les principales varietés.

N.ro I. Nom. *Tuf de Syracuse*.

Qualités. Grain fin, glaizeux, Ciment faible mais savonneux, Couleur jaunâtre.

Nature. Baze de terre Vitrifiable cimentée par l'acide marin, uni a l'alkali fixe. C'est ce qui le rend si doux au toucher, colorée par la terre glaizeuse des environs.

N.ro II. Nom. *Tuf de Palma*.

Qualités. Grain moins fin, Ciment faible, Couleur grise jaunâtre.

Nature. Baze de terre Vitrifiable cimentée par l'acide marin, faiblement colorée par l'argille sabloneuse des environs.

N.ro III. Nom. *Tuf micacé de Palma*.

Qualités. Grain grossier, Ciment faible, Couleur jaunâtre coupé, de tems en tems de paillettes de Mica brillant.

Nature. Baze de terre Vitrifiable cimentée par l'acide vitriolique, & colorée par l'argille des environs, & les vapeurs sulphureuses qui concourent à la colorisation du Mica.

C'est

(a) *Ces accidens sont beaucoup moins fréquens depuis quelque tems par la vigilance des personnes préposées au Choix de ces pierres. Sur l'inspéction de quelques signes on à crû reconnaître la qualité de pierre la plus sujette à ces chambrures intérieures, & on ne l'employe plus dans les meuilleres.*

C' est à ces trois varietés que se reduisent à peuprés tous les tufs glaiseux de Sicile.

CLASSE V.

Des Pierres meuilleres.

Les pierres meullieres varient beaucoup dans leur Nature;les unes sont quartzeuses,d'autres graniteuses,il en est de très poreuses, & qu' on prendrait pour une pierre Volcanique; d'autres ont le tissu plus serrè, & ce sont les plus estimées. On voit en Sicile toutes ces espéces, & assès communément. Les principales sont les suivantes.

N.ro I. Nom. *Pierre meullіere de Corleone.*

Qualités. Grain mèdiocrement fin, Ciment très puissant, Couleur mèlée de blanc & de noir.

Nature. Baze de terre Vitrifiable, particules graniteuses cimentèes par l' acide Marin, Colorèes par la terre argilleuse blanche des environs, dans la quelle se trouvent conglobées beaucoup de particules de Mica noir.

N.ro II. Nom. *Pierre meuliere de Corleone.*

Qualités. Grain fin brillant,Ciment des plus puissant, Couleur blanchâtre.

Nature. Baze de terre Vitrifiable, particules quartzeuses cimentèes par l'acide Marin, devant sa couleur aux reflèts des particules quartzeuses non pénètrées par aucune vapeur métallique.

N.ro III. Nom. *Pierre meuliere de Siracuse.*

Qualités. Grain grossier, Ciment faible, Couleur grise.

Nature. Baze de terre vitrifiable cimentèe par l' acide marin très delayè, colorée par la terre argilleuse des environs.

N.ro IV. Nom. *Pierre meuliere de Siracuse.*

Qualités. Grain brillant mèdiocrement fin,Ciment dur Couleur melée de gris, & de blanc.

Nature. Baze de terre Vitriable,particules sabloneuses melées de quartzeuses,cimentèes fortement par l'acide marin,colorées par l'argile sabloneuse & les débris quartzeux.

En outre de ces qualités naturelles de pierres meulieres;les Sici-

Siciliens ont trouvés l'art d'en faire d'artificielles en forçant, pour ainsi dire, la Nature de travailler sous leur diréction.

C'est à Messine qu'on à fait cette découverte, & qu'on l'emploie utilement tous les jours. En voici le procedé.

Sur le bras, qui forme le Port de Messine, & qui contient la Citadelle, le Lazaret, & le fort Saint-Salvador, dans un endroit appellé, bracio San-Rainerio; est une plage stérile, & ne produisant, que quelques Solanums; elle est toute recouverte de cailloutage & de grès. En écartant la premiere couche on trouve un sable quartzeux d'un grain médiocrement fin : on creuse dans ce terrain à trois pieds & demie de proffondeur, & on y forme à l'aide de la pelle un moïeu à forme circulaire d'un diamétre plus ou moins long suivant que l'on veut que la meule soit grande : dans le centre on creuse une ouverture en rond déstinée à faire le trou de la meule; avant que de tracer la coupe ou sa circonference, on à soin de bien battre le terrain pour en rendre la surface égale, & en même tems rapprocher les parties que l'air intérieur pourrait tenir detachées. Dans cet état on laisse cette pierre à découvert au soléil & au contact de l'air, & au bout d'un an le suc lapidifique se durcit, cimente ces parties, quoique souvent hétérogénes, & en forme une pierre d'une consistance, & d'un grain propre aux pierres meulieres.

Lorsqu'en 1774. J'ai publié mon mémoire sur le suc lapidifique j'ignorai la méthode usitée à Messine, cependant j'indique un procédé à peu-près semblable pour la formation des gros blocs de pierres dans des pays privés de carriéres, & voisins de la mer.

CLASSE VI.

Des pierres à Rasoirs.

La pierre à Rasoirs est une matiére pierreuse d'une consistance tendre au sortir de la carriere, mais se durcissant peu-à-peu au contact de l'air.

Elle est de plusieurs espéces en Sicile, mais on regarde presque toutes celles de ce Royaume comme imparfaites & de mau-

mauvais usage. Excepté celles de Mezzoiuso ausquelles on donne la préference même sur celles de Lorraine dont la réputation est si généralement établie; Ce territoire en produit de deux espéces.

N.ro I. Nom. *Pierre à Rasoirs blanche, sâle de Mezzoiuso.*

Qualités. Grain extrêmement fin, Ciment savonneux, Couleur blanche sâle.

Nature. Particules de terre Vitrifiable imperceptibles à la vue, cimentées par un alkali volatil extrêmement gras, colorées par l'argille des environs.

N.ro II. Nom. *Pierre à Rasoirs jaune claire, de Mezzoiuso.*

Qualités. Grain très fin, Ciment savonneux, Couleur jaune claire.

Nature. Particules de terre Vitrifiable singulièrement atténuées, cimentées par un alkali volatil très gras comme la précédente, & colorées par la terre glaiseuse des environs. Une particularité remarquable qu'a cette terre, c'est qu'elle est non seulement lamelleuse, comme toutes les pierres de ce genre, mais elle est encore composée de deux couches l'une jaune claire, telle que nous l'avons décrite cy-dessus, l'autre d'un gris brun, composée de particules moins savonneuses, & excellentes par conséquent pour enlever aux rasoirs le morfil ou cette côte tranchante que le repassage donne souvent à ces outils.

CLASSE VII.

Pierres de Corne.

Par les propriétés reconnues dans cette pierre par Wallerius, Cronsted, & tant d'autres célébres Naturalistes, cette substance pierreuse devrait être plutôt classée parmi les productions tenant à la terre refractaire; mais comme il est des espéces qui prouvent une presence majeure de la terre vitrifiable, & que d'ailleurs les expériences que j'ai faites sur cette Nature avec M.r Giovanetti, célébre Chimiste de Turin, m'ont assurées que cette pierre était un état médiaire entre la roche pourrie, & l'asbeste, ainsi que l'amianthe; j'ai crû dévoir la placer ici.

Ce que je n'avais que soupçonné en France, & rencontré

 sou-

ſouvent en Savoye je l'ai vérifié en Sicile. Le lapis *Corneus tunicatus*, *le lapis Mollior*, *le lapis Corneus fiſſilis*, *le Salband*, *le Hornſtein*, de Wallérius, & de Cronſted ne ſont autre choſe que la Roche pourrie, durcie, & cimentée, une autre fois; mais comme dans la putréfaction les parties ont été ſinguliérement attenuées, cette ſubſtance pierreuſe en a acqui plus de douceur au tact, & un tiſſu moins porreux, parceque les parties ont été plus rapprochées. *Le lapis Corneus mollior*, & *le Lamelloſus*, doivent être regardés comme des accidens qu'on-doit attribuer aux circonſtances qui ont pû intervenir dans le moment de la formation.

Ce genre de pierre eſt très rare en Sicile, de même que l'asbeſte & l'amyanthe. Cependent j'ai obſervé les eſpèces ſuivantes.

N.to I. Nom. *Pierre de Corne, de Caſtro Giovanni.*

Qualités. Grain très fin, Ciment doux, Couleur brune.

Nature. Particules Vitrifiables mêlées de refractaires, cimentées par un alkali volatil provenu de la déſtruction animale, de celle des plantes, & de celle du roc même; ce qui lui donne un tact extrêmement doux, & lorſqu'il y a ſurabondance de cet Alkali, il adoucit encore plus le tiſſu de cette ſubſtance, & lui fait prendre l'empreinte de l'ongle, ſuivant que le rapporte Wallerius. Sa couleur provient de la teinte brune de la roche putrefiée.

N.to II. Nom. *Pierre de Corne, de Sainte Catherine.*

Qualités. Grain extrêmement fin, Ciment moins doux, Couleur jaunâtre.

Nature. Particules Vitrifiables mèlées de réfractaires, cimentées par un alkali volatil moins gras, & plus combiné avec un eſpéce d'acide Phoſphorique. Son tact eſt moins doux, ſon tiſſu plus ſerré, & plus dur. Sa Couleur eſt d'un jaune tendre tirant ſur le chamois. Cette pierre eſt d'ordinaire recouverte d'un Salband ou Ghur, ou croutte pierreuſe noirâtre, ſi l'on veut, beaucoup plus dure, & entiérement refractaire. La ſurface de cette croute eſt entiérement raboteuſe, & pleine de poroſités. Si c'eſt le contact de l'air qui l'a mis dans cet état on pourrait à ce ſujet demander aux Naturalistes qui prétendent que la terre Refractaire eſt une modification de la Vitrifiable, pourquoi eſt-ce que l'air par un contact continuel décompoſant petit-à-petit les particules de cette croutte, ne les à point fait rentrer dans l'état primitif ? Si c'eut été la marche, ou le Principe de la Nature, cela eut dû arriver indubitablement.

N.ro III. Nom. *Pierre de Corne du Fleuve de Niso.*

Qualités. Grain fin, Ciment onctueux, Couleur jaune brune.

Nature. Particules Vitrifiables mêlées de réfractaires, cimentées par l'alkali volatil, tempere par un acide Phosphorique; colorées par la décomposition de la roche putrefiée. On trouve souvent dans ces substances des ramages verdâtres, qu'on ne peut naturellement attribuer qu'à la circulation des sucs provenus de la déstruction végétale. J'ai même verifié cette derniere assertion, en obtenant dans la conflagration une odeur empyreumatique asses forte.

CLASSE VIII.

Des Asbestes, & des Amyanthes.

Très libérale dans la production de cette substance dans la Tarantaise, en Calabre, en Suisse, & en Corse; la Nature en à été très avare en Sicile. Je crois devoir l'attribuer au peu de roche pourrie qu'on trouve dans l'intérieur de ce Royaume. Tout y est ou montagne calcaire, ou production Volcanique, ou bien roche primitive, ou Argilleuse; mais le manque d'eau, la chaleur du climat, surtout le souffle brulant du schyroc, détruisent tout Principe même de putrefaction qui pourrait comencer. Cependant dans les endroits couverts on en trouve, mais en très petite quantité, & l'amyanthe est toujours melée avec l'asbeste, ayant quelque fois une Roche Argilleuse, & presque toujours une pierre de Corne, plus ou moins tendre, ou plus ou moins formée, pour gangue.

Voici les espéces que j'ai remarquées dans mes Courses.

N.ro I. Nom. *Asbeste du Fleuve de Niso.*

Qualités. Filamens long de trois à quatre pouces, Ciment de Couleur verdâtre tendre.

Nature. Particules Vitrifiables mêlée de Réffractaires, arrangées en filamens très fins, cimentés ensemble par un gluten dans le quel on reconnait, non seulement, la presence, mais en-

 core

core une ſurabondance d'alkali volatil. Leur Couleur verdâtre provient des particules végétales quoique putrefiées, mais non abſolument dénaturées qui compoſent en plus grande partie cette ſubſtance. J'ai toujours remarqué que les Asbeſtes n'offrayent dans leurs variétés que trois teintes, la verdâtre, la rougeâtre, & la blanchâtre. Diverſes analiſes chymiques m'ont fait reconnaitre quelles procédaient des particules émanantes de la déſtruction végétale, pour la prémiere; Minérale pour la ſeconde, & animale pour la troiſieme; cela eſt ſi vrai que la premiére qualité eſt la ſeule ou la terre Vitrifiable ſoit en ſurrabondance, dans la ſeconde la Réfractaire domine ordinairement, & la troiſiéme eſt toute Calcaire.

N.ro II. Nom *Asbeſte du Fleuve de Niſo*.

Qualités. Filamens longs de deux pouces tout au plus. Ciment plus doux, Couleur verdâtre plus haute en téinte, & offrant des reflèts ſatinés.

Nature. Particules Vitrifiables moins mêlées de Réfractaires que la précédente eſpéce. Cimentées par un Alkali volatil très gras, & combiné avec une diſſolution vitriolique, ce qui téint les filamens d'un beau verd céladon ſans leur ôter le velouté que leur donne l'Alkali.

L'Amyanthe qui provient de cet asbeſte perd ſenſiblement de ſa téinte par le lavage qu'elle éſſuie dans la chûte des pluïes, & par la diviſion de ſes filamens qui eſt preſque incroiable. J'ay eu un jour la patience de compter en combien de petits filamens s'était ſéparé, en meuriſſant, un filament d'asbeſte de la ſeconde eſpéce, j'en trouvais deux cent ſoixante, & dix ſept. Qui tous enſemble réunis & cimentés dans l'état d'immaturité, n'offraient qu'a peine le diamètre de quatre crins réunis enſembles, comme il était facile de le voir à un des bouts du filament qui formait encore un ſeul tout.

L'Amyanthe de Sicile n'à pour elle que l'extrême ténuité de ſes parties, provenante naturellement de la fineſſe des parties terréſtres conſtituantes, mais elle n'à ni la longueur de celle de la Tarantaiſe, ni la force de celle de Suiſſe, ni le Soyeux de celle de Corſe.

CLAS-

CLASSE IX.

Du Liége, ou de la *Chair* fossile.

Le même Principe qui produit la Roche de Corne, l'Asbeste, & l'Amyanthe, concourt aussi à la formation du Liége fossile, & couvre de cette substance des quartiers de Rocher, plus, ou moins Grands. Cette substance est pierreuse par elle même, & quoiqu'on croirait par l'inspéction de sa Couleur qu'elle soit de la Nature de l'asbeste calcaire, elle est entiérement composée de particules Vitrifiables, j'en ai fondu, & Vitrifié, au feu du fourneau de fusion sans l'addition d'aucun flux.

Avant de déscendre à l'analise des variétés que j'ai observées en Sicile, il est bon de remarquer que cette substance se presente sous deux faces, & en même tems d'une maniére si décidée dans cette double marche, que les Naturalistes ont crû devoir la dénommer diversement. Ils donnent le nom de Liége fossile à une substance pierreuse, blanche, sâle, à fibres semblables à celles qui composent les filamens de l'amyanthe; ayant une trame & une chaine de même Nature, si étroitement unis entr'elles, qu'au premier coup d'œïl les fils paraissent être autant de petites écailles lamelléuses, offrant à la vüe une surface feuilletée; mais l'œil observateur, aidé de la loupe, en reconnait la téxture admirable. Son plus ou moins d'épaisseur lui fait donner communément le nom de *papier* ou de *Cuir* de montagne.

Les mêmes Naturalistes appellent *Chair fossile*, un dépôt de cette même substance de la Nature précédente; mais qui étant formé d'une quantité de couches de la première, cimentées ensemble, offre un tout, épais, pesant, & qui dans sa naissance, suivant les sinnuosités du corps sur le quel il se forme, se presente d'ordinaire en forme contournée.

Il y a en Sicile beaucoup de cette production, j'en ai remarquée entre autre à S.t Cathérine, au fleuve de Niso, à Trapani, à Castrogiovanni &c.

N.ro I. Nom. *Liége fossile de Sainte-Catherine.*

Qualités. Téxture serrée, Ciment asés puissant, Couleur blanche sâle.

Natu-

Nature. Particules Vitrifiables Cimentées par un Alkali volatil, colorées par la terre Argilleuse blanche qui forme sa Baze première. La gangue ordinaire de cette substance est un bloc de Crystaux de spath d'une couleur laiteuse, ce qui prouve quelque analogie entre les deux corps.

N.ro II. Nom. *Liége fossile de Castrogiovanni*.

Qualités. Texture moins serrée, Ciment des plus faibles, Couleur blanche sâle.

Nature. Particules Vitrifiables Cimentées par un Alkali Volatil très affaibli, Colorées comme la precédente espéce.

N.ro III. Nom. *Chair fossile de Trapani*.

Qualités. Texture épaisse, fibres paralléles, Ciment asses, onctueux, Couleur blanche sâle.

Nature. Particules Vitrifiables, filamens tissus transversalement comme une étoffe, cimentées par un Alkali dégraissé, colorées comme le liége fossile.

N.ro IV. Nom. *Chair fossile du Fleuve de Niso*.

Qualités. Texture épaisse, fibres couchés diagonalement & déssinant dans le croisage des lozanges égaux, Cimentées par un Alkali dégraissé, & Coloré comme le Liége fossile.

CLASSE X.

Des Schistes & des Ardoises.

Ayant à l'Article des Grés Feuilletés rendu raison du procédé que suit la Nature dans la formation des productions lamelleuses, & ayant avec quelque certitude rapporté le même principe à celui qui forme la séparations des couches schysteuses &c. Nous nous contenterons d'observer ici que ce n'est que le plus, ou le moins de force de l'agent cimentant, & de la Nature des particules composantes, que proviennent les varietées observées dans ce genre. Nous aurons occasion de les examiner tous dans l'analise des varietés que j'ai remarqués en Sicile.

N.ro I. Nom. *Schiste de Sainte Cathérine*.

Qualités. Grain fin, ciment doux, couches fines, couleur fauve.

Na-

Nature. Particules Vitrifiables cimentées par un alkali volatil dégraissé, & extrémement délayée avec ses particules déposées en couches très minces, colorées par une terre Argilleuse unie à ce même alkali.

N.ro II. Nom. *Schyste de Centorbi*.

Qualités. Grain fin, Ciment plus grossier, couches plus épaisses, couleur grise tirant sur le fauve.

Nature. Particules Vitrifiables cimentées par un Alkali volatil uni à un acide marin assés faible, cette combinaison mastique les particules terrestres d'une maniere plus boueuse, & produit nécéssairement des couches épaisses, & un ciment plus fort & plus grossier. La couleur de ce schiste provient également de l'alliage de cet Alkali combiné avec la terre argilleuse.

N.ro III. Nom. *Schiste de Catania*.

Qualités. Grain fin, Ciment puissant, couches très, fines couleur tirant sur le rouge.

Nature. Particules Vitrifiables cimentées par l'alkali volatil, uni à une dissolution ochracée assès forte, pour manifester la presence du fer dans la conflagration. La force de ce ciment produit deux effets dans ce schyste. Il comprime en premier lieu les particules terrestres vitrifiables au point, que les couches perdent sensiblement de leur, epaisseur, & à peine ont-elles celles du cheveu le plus délicat. En second lieu cette même compression unit si étroitement par la juxta-position, & l'enchainement d'une partie dans l'autre, que les couches, & le ciment intermédiaire font nn tout solide & difficile à séparer. La couleur de ce schyste provient de la dissolution ochracée repandue dans l'argille des environs & se maniféstant plus puissamment dans ce Schyste par le rapprochement des parties.

N.ro IV. Nom. *Schiste de Messine*.

Quantités. Grain grossier, Ciment puissant, couches épaisses, couleur noirâtre.

Nature. Particules Vitrifiables cimentées par l'acide Vitriolique, quelque fois même avec surabondance, au point que le souffre se-maniféste visiblement. Ce Schyste se trouve dans les environs d'une Carriére de Charbon minéral & souvent sert

ſert d'envéloppe à cette ſubſtance Végétale minérale. Imprégné des mêmes Principes, il offre à l'oeil l'apparence de ce lit pierreux qui revet d'ordinaire le charbon minéral, & que les Allemands appellent indifféremment Salband, ou Ghur, & qu' en France on nomme Gor ou Schyſte Charboneux; & qui ne ſe preſente pas toujours ſous une forme lamelleuſe;il eſt noir par ſa propre Nature; il porte des empréintes végétales exprimées avec toute la netteté poſſible; enfin il n'eſt ſulphureux qu'en apparence. Le Schyſte de Meſſine eſt toûjours composé de couches épaiſſes à la verité, mais qui dénotent toute fois une tendance conſtante à une formation lamelleuſe. Il n'eſt noirâtre, qu'a l'apparence, & tout au plus dans ſes premieres couches; mais quand'on l'en à depouillé, il preſénte une couleur brune fauve, il eſt plus doux au-toucher alors, & manifeſte la préſence d'un Alkali volatil un peu faible. Son grain eſt ſi groſſier qu'il ne ſe prête à aucune preſſion, & quand il eſt contraint de céder à une force majeure il s'etonne plutôt, que de recevoir la plus faible empreinte. Enfin il eſt penetré d'acide Vitriolique & devient presque inflammable avec l'adjonction du ſouffre.

En-fait d'ardoiſes, la Sicile n'en à point du tout de veritables, celle qu'on y fait voir eſt une modification du Schyſte de Meſſine.

CLASSE XI.

Du Spalh fuſible.

Formé par une Cryſtalliſation tumultuaire dans un fluide agité, & non homogéne, cette ſubſtance varie de Configuration, & de couleur ſuivant les corps différens qui entrent dans ſa compoſition. C'eſt ſur-tout à la rencontre des méteaux qui influent de la maniére la plus viſible ſur ces modifications.

Il ne s'en trouve en Sicile qu'aux environs du fleuve de Niſo, & je crois qu'il faut l'attribuer aux différentes émanations métalliques, que le voiſinage de l'Etna y a dégorgée, & aux métaux même qui s'y trouvent en minérai. Telles ſont les eſpéces ces que j'ai remarquées.

N.ro I.

N.ro I. Nom. *Feld-Spath Jaunâtre du Fleuve de Niso*.

Qualités. Cryſtalliſation cubique, traſparence louche, couches horizontales, Ciment dur, grain très-fin.

Nature. Particules Vitrifiables cimentées par un Alkali volatil combiné avec l'acide marin. Comme leur grain eſt extrémement fin & homogéne, la tranſparence du corps ſerait parfaite ſi les vapeurs métalliques qui le colorent n'affaibliſſaient la réfraction des faiſceaux lumineux, & ne gênaient leur paſſage. Comme cette coloriſation ne s'eſt point faite après coup, comme dans les fluors Volcaniques, c'eſt-à-dire après la formation du corps, mais dans le moment même de la Cryſtalliſation; ce feld-Spath a non ſeulement contracté la Couleur jaune propre à la Vitrification du Plomb, mais a également reçu ſa configuration cubique exactement prononcée.

N.ro II. Nom. *Spath verdâtre du Fleuve de Niso*.

Qualités. Grain très-fin, Ciment dur, Couleur verdâtre, Cryſtalliſation cubique, Tranſparence terne.

Nature. Particules Vitrifiables cimentées par l'acide vitriolique, & par l'acide marin; Colorées par une diſſolution cuivreuſe qui a influé comme le Plomb dans la premiére eſpéce ſur la configuration, ſur la tranſparence, & ſur la Couleur de celle-ci.

N.ro III. Nom. *Feld-Spath griſâtre du Fleuve de Niso*.

Qualités. Grain très-fin, Ciment moins puiſſant, couches lamelleuſes, Couleur blanche ſâle, Cryſtalliſation quadrilatere, tranſparence louche.

Nature. Particules Vitrifiables cimentées par un acide marin très-délayé, ce qui fait que les couches à la ſuite du plus léger étonnement ſe ſéparent avec facilité l'une de l'autre. Sa Couleur, ſa configuration, & ſa tranſparence proviennent d'une diſſolution de Plomb combinée avec l'argent qui a délayé les particules compoſantes. Cette eſpéce de Feld-Spath eſt la plus commune en Sicile, & comme elle a toutes les qualités du Petunſée des Chinois, elle ſeule mériterait l'établiſſement d'une fabrique de porcelaine dans ce Royaume, d'autant plus qu'il s'y trouve beaucoup de Kaolin; dont nous parlerons dans la théorie des Volcans.

N.ro IV. Nom. *Feld-Spath Rougeâtre de Catania*.

Qualités. Grain très-fin, Ciment très-puiſſant, Couleur rougeâtre, Cryſtalliſation Rhomboïdale, Tranſparence terne.

Nature. Particules Vitrifiables cimentées par une diſſolution ferrugineuſe, faite à l'aide d'un acide vitriolique aſsès puiſſant, Colorées, Cryſtalliſées & douées de leur ſémi-tranſparence par l'influence de ce métal, uni à l'acide ci-deſſus décrit.

CLASSE XII.

Du Quartz.

Quoique cette ſubſtance ne ſe vitrifie pas toujours ſeule au feu, & qu'il faille y ajouter ſouvent des flux pour en obtenir une fuſion & une vitrification parfaite, elle jouit de tant de qualités propres aux corps Vitrifiables ſeuls, que j'ai crû devoir la placer à la ſuite de ceux de cette Nature.

Le Quartz eſt trop connu, même de ceux pour qui l'étude de l'hiſtoire naturelle n'a aucun attrait, que je crois inutile de le décrire ici, je me contenterai d'indiquer les varietés que j'ai obſervées en Sicile dans ce genre.

N.ro I. Nom. *Quartz de Sainte Catherine*.

Qualités. Opaque, laiteux, dur & ſans aucune configuration déterminée.

Nature. Particules Vitrifiables mêlées de réfractaires, cimentées par un Gluten inconnu qui m'a paru être l'acide marin, que pourtant je n'aſſure pas être poſitivement le lien des parties compoſantes de cette ſubſtance. Colorées en apparence par la refraction des rayons toujours briſés, & ſéparés par l'inégalité des Angles des parties conſtituantes.

N.ro II. Nom. *Quartz Rouge de Catania*.

Qualités. Dur, opaque, ſans aucune configuration déterminée, d'une téinte rougeâtre faible, & tirant ſur l'orangée.

Nature. Particules Vitrifiables cimentées, à ce que je ſuppoſe, par le gluten émanant d'une diſſolution ferrugineuſe dans l'acide vitriolique. Cette même diſſolution ochracée répand une téinte orangée ſur cette ſubſtance, que j'ai remarqué être beaucoup plus ſuperficielle qu'intérieure; cependant, après de fréquens lavages d'un de ces morceaux avec une eau imprégnée d'un d'un acide assez puissant ; après l'evanouissement de la téinte principale, ce qui est resté, m'a fait connaître que la dissolution métallique avait pénétré, & imbibé aussi, si j'ose le dire ainsi, les parties constituantes.

N.ro III. Nom. *Quartz Bleu du Fleuve de Nisò*.

Qualités. Beaucoup plus dur que les autres, opaque, pyriteux, & moucheté de taches bleues & blanches.

Nature. Particules Vitrifiables cimentées, à ce qui me parait, par l'acide vitriolique ; & colorées par l'azur de montagne. La beauté de cette téinte, le grain de cette substance pierreuse, son espéce d'homogénéité avec le lapis-lazuli, à qui elle sert de gangue, & les mêmes veines pyriteuses ; ont fait croire, non sans quelque fondement, à plusieurs auteurs, que ce quartz était un lapis-lazuli non parvenu encore au degré de maturité nécéssaire pour mériter ce nom.

N.ro IV. Nom. *Quartz blanc pyriteux de Centòrbi*.

Qualités. Dur, opaque, blanc laiteux, & plein de pyrites.

Nature. Particules Vitrifiables cimentées, à ce qui me parait, par l'acide vitriolique & Colorées par la combinaison de cet acide avec un peu de zinc, & de terre argilleuse blanche répandue dans le voisinage.

On ne voit en Sicile aucune de ces belles variétés dans les quartz, qu'on admire en Allemagne, en Suéde, & même en France. Comme par exemple les quartz grenus ou en grenats d'Auvergne, & de falhum de Suéde : les quartz cariés de Malung en Dalécarlie ; de la Baume en Provence ; de Wirtemberg &c. les quartz fragiles comme ceux du Lyonnais & ceux de Saxe ; les quartz gras comme ceux d'Angers & de Dahleroë en Suede &c.

CLASSE XIII.

Des Silex.

L'Allemagne offre beaucoup de variétés rélativement à cette substance, mais en Sicile on ne voit que l'espéce connue sous le nom de pierre fusiliére, ou pierre à briquet. Il en est de quatre qualités.

N.ro I. Nom. *Silex Gris de S.t Stefano de Bivona.*

Qualités. Grain très-fin, Ciment faible, Couleur grise.

Nature. Particules Vitrifiables, cimentées par un Alkali volatil, combiné avec une terre argilleuse grise qui lui a conservé sa Couleur; il donne très-peu de feu à cause de son peu de dureté.

N.o II. Nom. *Silex Rouge foncé de Misilcannone.*

Qualités. Grain très-fin, Ciment puissant, Couleur Rouge.

Nature. Particules Vitrifiables cimentées par l'acide marin, ce qui lui donne une consistance d'agathe, aussi fait-il naître beaucoup d'étincelles quand il est frappé par un corps dur; mais en même temps il se brise aussi lui-même très-facilement. Sa Couleur vient de la terre argilleuse des environs.

N.ro III. Nom. *Silex blanc, & noir de Misilcannone.*

Qualités. Grain très-fin, Ciment puissant, écorce marneuse, Couleur noire, & blanche.

Nature. Particules Vitrifiables cimentées par un Alkali uni à une terre argilleuse, glaiseuse, & un peu de terre calcaire. Ce mélange m'a fait croire dans le commencement, que ce Silex était de Nature réfractaire, ce n'est qu'après beaucoup d'essais réiterés que j'ai connu l'union des deux substances. Il semble même qu'il y ait dans le sein de cette pierre une espéce de combat entre ces deux Natures. Car la terre calcaire, par une transudation imperceptible, s'amoncéle sur la circonférence extérieure de la pierre, y forme croute, se désseche & s'en sépare en poudre farineuse, & grasse au toucher: j'ai examiné cette poussiere, & j'ai reconnu que c'était de la véritable marne. A la suite du tems ce Silex se purge si fortement de tout ce qu'il peut contenir de terre calcaire dans son tissu, qu'il s'epuise: analisé dans cet état il ne manifeste plus, que la présence de la terre Vitrifiable seule.

N.ro IV. Nom. *Silex noir de Misilcannone.*

Qualités. Grain très-fin, Ciment très-puissant, Couleur noire.

Nature. Particules Vitrifiables cimentées par un Alkali volatil uni à une terre glaiseuse; Colorées, ainsi que celles du Silex précedent, par des particules émanantes de la déstruction des

des végétaux réduits dans l'état charboneux, triturées, atténuées, & employées par la Nature à une nouvelle déstination. Le grain de ce Silex étant extrêmement fin, son ciment très-puissant, & par conséquent sa dureté inéxprimable. Il est de meilleur usage pour les armes à feu; & lorsqu'il se brise, il forme des éclats si tranchans qu'on l'employe à tailler le verre, comme le diamant. J'ai vû cette opération réussir avec succès plus d'une fois.

CLASSE XIV.

Des Jaspes.

Beaucoup d'Auteurs se sont occupés de la recherche des Principes composans, la texture, si j'ose le dire, & la Couleur si variée des Jaspes, & chacun d'eux suivant une route différente & des Principes opposés, il n'est point étonnant du tout qu'ils ne se soient point rencontrés dans leurs conclusions, & leurs découvertes n'ont pu être qu'indécises, puisque leur méthode confondait les Principes. Tant qu'on analisera les Jaspes sans les priver de leurs téintes, on n'aura jamais des notions distinctes, & sûres de leur Nature. C'est en séparant l'une de l'autre qu'on peut parvenir à connaitre tout ce qui concourt à la formation du tout.

Plus délicat qu'aucune substance pierreuse dont nous avons eu occasion de parler jusqu'aprésent, le jaspe réunit dans sa composition des agens d'une pureté par excéllence. Les particules terrestres qui forment sa base sont d'une ténuité, & d'une égalité admirable dans leur Crystallisation. Le principe colorant, soit qu'il participe de la déstruction des végétaux, ou des vapeurs métalliques, ou bien de leurs dissolutions, est épuré à un degré à peu près de la qualité de celui où sont réduits les Principes employés par les Cristaux de Roche, & les pierres précieuses. Par cette connaissance fondée sur le Raisonnement & sur l'expérience, il est aisé de voir combien est difficile l'analyse de cette substance; cependant la Chymie a répandu, depuis peu, un jour si lumineux sur les Principes, & l'enchainement des corps, qu'à l'aide d'une manunutention adroite, on peut conclure sûrement sur les résultats de ses réactifs.

La Grande abondance des jaspes en Sicile m'avait fait croire à la premiere inspection, que l'analise de quelques-uns suffirait pour me rendre raison de la formation des autres; mais une analyse secondaire m'a fait connaitre qu'aucune des belles variétés que nous admirons dans ces jaspes n'a été produite accidentellement. Chaque nuance émane d'un agent différent, ou du moins, d'une de ses modifications. C'est pourquoi m'etant vû obligé de les examiner toutes, j'offre ici aux yeux du Naturaliste Curieux les résultats de mes opérations.

N.ro I. Nom. *Jaspe Sanguin de Giuliano*.

Qualités. Grain imperceptible à l'oeil, Ciment très-puissant, Couleur verte foncée, taches d'un rouge de sang.

Nature. Baze de terre Vitrifiable en particules singuliérement attenuées, comme nous l'avons dit ci-dessus en parlant des jaspes en général, Cimentées par l'acide marin, Colorées par une déstruction de végétaux, dont les particules Calcaires sont si bien mêlangées avec les Vitrifiables qu'elles semblent composer toute la masse qu'elles colorent; en partie par la Couleur réelle inhérente dans elle-même; en partie d'une maniére illusoire, par les reflets occasionnés par le brisement des faisceaux lumineux dans les angles correspondans de la pierre. Cela est si vrai qu'en exposant le jaspe sanguin à un feu ardent, & soutenu, les taches rouges provenantes des vapeurs, & de la dissolution métallique s'évaporent, & la téinte verte propre à la déstruction végétale, par conséquent composée de parties calcaires, se calcine. Il reste un *Caput mortuum* vitrifié, privé de toute couleur, & prêt à rentrer dans le premier état de la Nature; quand le contact de l'air, & l'influence des sels & des acides viendront faciliter sa régénération. Les taches rouges éparses dans ce jaspe, par leurs contours décidés sans la plus faible demie-téinte, & sans aucun reflet, prouveraient seules, je crois la différence de leurs Principes, quand même on n'observerait point que ces téintes ne peuvent provenir que du minéral.

Si les particules étaient homogénes dans les deux nuances, & que toute la différence de la couleur procédât d'un accident, il y aurait naturellement entre elles une corrélation reciproque, une union visible qui se manifesterait par des sémi-téintes infinies, & par des reflets de ces mêmes téintes, que je regarde comme la plus grande preuve de l'homogénéité des parties constituantes une substance quelconque. La privation de ces deux marques caractéristiques me fait reconnaitre trois Principes dans la formation du Jaspe Sanguin. Une Baze de terre Vitrifiable; Une présence abondante de déstruction végétale qui colore la Baze en verd, & une combinaison métallique formant la téinte rouge; dont l'examen est des plus intéressants.

Presque touts les corps de la Nature présentant cette derniere teinte, selon le sentiment des plus célébres Naturalistes, doivent leur couleur à une dissolution ferrugineuse, soit sous une forme bolaire, soit sous une forme ocracée; mais malgré la variété des nuances qu'on admire dans les décompositions de ce métal, il n'en est aucune qui offre un oeil aussi vif, une couleur aussi ardente que celle que récéle le jaspe sanguin.

Le souffre uni à l'arsénic formant le Réalgar ou arsénic Rouge, téint souvent les corps qu'il avoisine, & produit quelquefois ces nuances éclatantes qui ont mérité à plusieurs Cristallisations sulphureuses, & même à des cristaux de Roche d'ancienne formation, ou bien formés après Coup; comme les fluors, les noms de Rubicolle, & de Rubicelle &c. Mais cette seconde combinaison n'a pas pû influer en rien sur la couleur sanguine des taches de ce jaspe, & les essais chimiques que j'ai faits à ce sujet en sont garans. Il est constant que l'action d'un feu un peu vif consume tout de suite toute particule sulphureuse, ou arsénicale quelconqûe; & dans le temps que cet agent détruit la téinte, & la substance même du souffre, ce minéralisateur manifeste sa presence par la double odeur qu'il exhale. Au lieu que dans la vitrification du jaspe sanguin, toute la téinte verte à été calcinée avant que les taches rouges ayent seulement commencé de faiblir dans leurs teintes.

Les

Les terres Argilleuses Colorent aussi les substances pierreuses, il en est beaucoup qui leur doivent des téintes Rougeâtres, mais en premier lieu, ces nuances ne sont jamais décidées; en second lieu, ces terres ne doivent être considérées que comme un agent secondaire, car c'est à la déstruction des minéraux qu'elles doivent les téintes qu'elles manifestent.

Je ne puis donc attribuer la colorisation des taches du Jaspe sanguin qu'à l'influence d'un Or de Cassius naturel, c'est-à-dire à quelques particules de ce métal dissoutes dans l'alliage de l'acide nitreux avec l'acide marin, & puis séparée de cette eau régale naturelle par l'addition de quelques particules d'étain. Et comme les substances huileuses ténues,& Ethérées ont beaucoup d'affinité avec l'or; Il suffit à cette teinture d'être délayée par quelque huile essentielle, & légere pour la faire passer & la fixer dans le corps d'une substance pierreuse, quoique surabondante de Principes hetérogénes.

C'est ainsi qu'on a soupçonné jusqu'à présent que se fait la colorisation de toutes les espéces de Rubis, de Grenats, de Vermeilles, & même la téinte mourante de l'Amethyste.

Une autre difficulté m'arrete dans ce moment-ci. C'est l'absence parfaite des deux métaux que je viens de nommer, l'or & l'étain, dans toute l'étendue du Royaume de Sicile, excepté quelques indices dn premier près du fleuve de Niso. Mais je crois que cette difficulté n'en doit point être une dans ce moment-ci. Tous les Auteurs anciens & modernes de cette Isle s'accordent sur l'article de la présence de l'or anciennement dans ce pays. Les Curieux conservent encore dans leurs Cabinets des monnoies d'or frappées en Sicile sous l'Empereur Charles VI. avec cette légende *ex visceribus meis* (a) d'ailleurs la formation du jaspe n'est pas l'ouvrage de quelques années, une foule de siécles s'écoulent avant que la main sage, mais lente de la Nature ait sçu, par une progression graduée, conduire une particule homogéne vers une autre, quelle ait réunis tous les co-Agens nécessaires; &, par un ciment, connu d'elle seule, lié ces Corps, bien souvent dissemblables entre eux; ainsi ne

(a) *Voyez à cet égard ma Minéralogie Docimastique Métallurgique.*

ne pouvant douter en aucune façon que ce ne ſoit point le précipité d'or de Caſſius qui ait concouru à la Coloriſation de ces taches, j'oſe avancer, qu'anciennement il devait y avoir du Côté de Giuliano quelque peu de ces deux métaux peut être dépoſés par le hazard ; n'importe, mais leur preſence eſt indiſputable.

N.^{to} II. Nom. *Jaſpe fleuri de Giuliano.*

Qualités. Grain fin, Ciment puiſſant mais pas égal partout. Couleur bigarée de Blanc, & de Rouge foncé avec poroſités, & Cryſtalliſation.

Nature. Particules Vitrifiables, Cimentées par l'acide marin, qui en lie étroitement les différentes parties quoique également hétérogenes entre elles. La Baze de ce Jaſpe eſt une Vitrification laiteuſe Colorée par l'argille blanche, au milieu de laquelle il y a des petites taches d'un Rouge foncé quelque fois lizerées d'un blanc plus ſâle; Mais pour la plus part tranchant de Couleur avec le fond. Les taches rouges peuvent être attribuées à une terre Bollaire rouge qu'on trouvait anciennement dans les environs; cependant dans mes éſſais je n'ai point obtenu aucun réſultat ferrugineux, les porroſités de ce jaſpe, ſeules m'en ſerviraient de preuves. Si le fer concourt à ſa formation, c'eſt du moins bien faiblement, car il eſt notoire que tous les corps ou ce métal participe à leur cimentation, il les lie ſi étroitement qu'ils preſentent de tel côté qu'on les taille une ſurface liſſe, égale, ſans crevaſſes, & ſucceptible partout également de recevoir le même poli. Il eſt bon d'obſerver encore que la matiére premiére de ce jaſpe à dû être ſinguliérement délayée, & imprégnée de particules Vitrifiables bien fines, nageant dans un fluide très volatil puiſque dans le centre des blocs de ce jaſpe, tiré ſouvent du ſein même des couches, on y trouve des Crevaſſes, des fentes horizontales remplies d'une Cryſtalliſation quelque fois laiteuſe, & paroiſſant participer de la Nature du Jaſpe; d'autres fois en vrais Cryſtaux de Roche.

N.^{to} III. Nom. *Jaſpe Rouge de Giuliano.*

Qualités. Grain fin, Ciment puiſſant, Couleur rouge foncée, veines blanches laiteuſes.

Nature. Particules Vitrifiables cimentées par l'acide marin, colorée par le même precipité d'Or de Caſſius ; mais avec ſurabondance d'Etain. Ses veines ſont un eſpéce d'agatiſation non colorée, & ſouvent renduë nébuleuſe par le mélange d'un peu de terre argilleuſe blanche.

N.ro IV. Nom. *Jaſpe Rouge*, *& Noir de Giuliano*.

Qualités. Grain fin, Ciment puiſſant, Couleur rouge foncée avec taches noires.

Nature. Particules Vitrifiables cimentées par l'acide marin, colorées dans leur Baze par un Bol Rouge foncé. Quant aux taches noires qui ſemblent nager dans la téinte principale, j'avoue franchement que je n'ai jamais pû reconnaitre d'une maniére ſûre quel à pû être l'agent qui les à produites. Prodiguant par tout les téintes vertes, les jaunes, & les blanches, la Nature parait économe dans la diſtribution des rouges, & des bleus ; mais elle eſt abſolument avare des noires. Soit que nous regardions cette couleur comme n'en étant point une, & provenant ſimplement de l'abſorbtion des rayons lumineux, ſoit que nous conſidérions le noir comme une nuance naiſſante du mélange de toutes les Couleurs enſemble, nous trouverons toûjours que la Nature l'épargne dans toutes ſes productions. Mais ſi pendant la durée des êtres, le noir ſemble privé de l'avantage de concourrir à leur ornement, tout, au contraire, ſemble ſe ſoumettre à cette téinte dans l'état de déſtruction. Tout dans la Nature ſuivant les loix d'une matiére reſpectivement immortelle, avant de paſser à l'état d'une nouvelle régénération, eſt obligé de paſſer par l'état charboneux, qui ſemble être le bucher du Phenix; car c'eſt de là que toutes les productions de la Nature revetuës d'une nouvelle forme reſſortent avec éclat. Peut-être donc que ces taches noires qui flottent dans la téinte rouge de ce Jaſpe ſont les dépouilles de quelque corps dans l'état de déſtruction, empriſonné par le ſuc lapidifique avant d'avoir pû ſubir les loix de ſa métamorphoſe. Il ſe peut donc que ce ſoit là l'origine de tous les corps téints en noir, de la qualité de cette ſubſtance. Je ne donne cette aſſértion que comme très conjecturale ; mais comme juſqu'à preſent nous n'avons rien de plus certain à cet égard, j'adopte cette opinion en attendant.

N.ro V.

N.[ro] V. Nom. *Rouge, avec taches ſédimenteuſes contournées de blanc.*

Qualités. Grain fin, Ciment puiſſant, Couleur rouge foncée, avec taches ſédimenteuſes contournées de blanc.

Nature. Particules Vitrifiables Cimentées par l'acide marin, colorées par une téinture d'Or de Caſſius avec ſurabondance d'étain; les corps ſédimenteux qu'on voit flotter dans les parties moins denſes de ce jaſpe ne ſont point des débris de végétaux, comme l'aſſure la croyance erronée du vulgaire; ce ſont des petits canons de cryſtaux, déja durcis, renfermés dans une criſtalliſation ſecondaire, & comme ils ſont fixés dans ce fluide ſuivant les différentes poſitions qu'ils avoient pris lors de leur prémiere cryſtalliſation, les corps paraiſſent preſenter des branches ramifiées. Ce qui a été l'origine de l'erreur acréditée à ce ſujet. Les couches blanches qui contournent ces maſſes ſédimenteuſes, ſont autant de particules Vitrifiables colorées par uue terre argilleuſe blanche, dépoſées par une couche premiére.

N.[ro] VI. Nom. *Verd obſcur, avec taches Couleur de Calcedoine, & autres Rouges, de Giuliano.*

Qualités. Grain fin, Ciment puiſſant, Couleur verte foncée avec taches Couleur de Calcedoine, & d'autres Rouges.

Nature. Particules Vitrifiables Cimentés par l'acide marin, Colorées par une décompoſition végétale triturée, & irréguliement attenuée dans la putréfaction. Les taches rouges qui ſe trouvent éparſes dans l'immenſité de la téinte principale ont été produites par une légére déguſtation de précipité d'Or de Caſſius délayé par un fluide quelconque. Quant aux taches Couleur de Calcedoine, il ne faut les regarder, comme je l'ai dit-cydeſſus, que comme une cryſtalliſation rendue nébuleuſe par le mêlange d'un peu de terre blanche argilleuſe, & non par l'arrangement de ſes parties; qui dans la Calcedoine veritable briſant obliquement les faiſceaux lumineux empêchent leur réflection, & leur paſſage; par ce moyen privent cette pierre d'une diaphanéïté égale au cryſtal de roche, & d'un brillant ſemblable à celui qu'offrent toutes les pierres précieuſes.

N.[ro] VII. Nom. *Jaune, & Noir de Giuliano.*

Qualités. Grain fin, Ciment puiſſant, Couleur jaune melée de Noire.

 Na-

Nature. Particules Vitrifiables Cimentées par l'acide vitriolique, Colorées par un argille jaunâtre des environs, dans laquelle on reconnait les effets d'une dissolution ferrugineuse, sans pourtant pouvoir par une aucune opération obtenir dans les résultats la moindre parcelle de ce métal. Le noir décidé qui, dans ce jaspe, dispute continuellement avec le jaune, étant de la même téinte que celui qui concourt à la colorisation du jaspe rouge, & noir, dont j'ai parlé ci-dessus, & m'ayant dans la conflagration produit la même odeur empyreumutique, j'ose croire qu'il est de la même Nature. Il est le résultat d'un corps végétal quelconque réduit dans l'état charboneux.

N.ro VIII. Nom. *Noir, & Incarnat de Giuliano.*

Qualités. Grain fin, Ciment très-puissant, Couleur noire mélée d'Incarnat.

Nature. Particules Vitrifiables, cimentées par l'acide vitriolique, Colorées en premier lieu par une déposition végétale réduite dans l'état charboneux, avivées secondairement par une nuance incarnate, que j'ai reconnue à la longue avoir été produite par une légére téinte d'Or de Cassius, alliée à une dissolution ferrugineuse bollaire l'analise de cette pierre est une de celles qui m'a le plus couté de peine autant à cause de la variété de ses Principes, que par l'extrême solidité qu'a acquis son ciment du mélange de ses agens.

N.ro IX Nom. *Noir de Giuliano*.

Qualités. Grain très-fin, Ciment puissant, Couleur noire.

Nature. Particules Vitrifiables, Cimentées par l'acide marin, Colorées par une décomposition végétale réduite dans l'état charboneux. Rélativement à cette métamorphose, il faut considérer que cette réduction ne provient point de l'action du feu. La conflagration d'un corps quelconque presente des phénoménes différens suivant la force qui la fait agir; la même action, avec plus, ou moins de puissance, échauffe, desséche, roussit, cuit, grille, enfin produit le charbon, la cendre, & des atomes en formes de pellicules, du corps le plus solide. Il est une autre force de la Nature par la voie humide occasionnée par la fermentation. Cette derniere échauffe, décolocolorée, désunit, triture, brule les corps jusques à les réduire dans l'état charboneux; mais jamais ne passe les bornes de cette derniere métamorphose. Quoique dans l'immortalité respective de la matiére, l'atome le plus atenué rentre dans l'enchainement des êtres, & petit-à-petit à l'aide du temps concourt à la formation de quelque corps plus considérables, cependant comme de son état de nullité apparente, à une éxistance déterminée le passage ne peut qu'être long, la Nature employe la voie humide de préférence. Cette derniére est un acte spontané de sa marche ordinaire; la conflagration, au contraire, est un effect accidentel qui ne détruit point, il est vrai, comme nous l'avons dit ci-dessus ses vûes; mais qui y opposant un peu de retard, n'est employé par elle que dans ces momens convulsifs, nécéssaires au rétablissement de l'équilibre de la machine de notre Globe, ou bien par la volonté des êtres habitans sur sa surface. Toutes les fois donc que nous parlerons dans le corps de cet Ouvrage d'une décomposition végétale réduite dans l'état charboneux, nous sous-entendrons cet état dans le quel la voie humide par la fermentation & la putréfaction reduit les corps.

Quoique l'absence du fer rend comme nous le verrons plus bas la plupart des jaspes, & sur tout des agates de la Sicile sujettes aux continuelles porosités; cependant ce jaspe malgré qu'il soit absolument privé de la présence de ce minéral, offre néanmoins une continuité de parties, & un tissu bien soutenu. On ne doit l'attribuer qu'a l'extrême ténuité des parties composantes à peine perceptibles, à l'aide d'un microscope augmentant deux mille quatre-cent fois l'objet; & à la force de l'acide marin qui lui sert de ciment, ce qui le rend susceptible du poli le plus doux, le plus velouté, & le plus brillant qu'on puisse désirer.

N.ro X. Nom. *Rouge avec petites taches blanchâtres de Giuliano.*

Qualités. Grain moins fin, Ciment médiocrement puissant, Couleur rouge avec taches blanchâtres.

Nature. Particules Vitrifiables cimentées par un mélange de terre argilleuse rouge, & d'argille blanche; cette derniére à con-

conservé dans la Lapidification sa Couleur naturelle ; quant à la première elle y-a sensiblement perdue la téinte rouge qui lui avait été communiquée par une dissolution ferrugineuse tenant un millieu entre l'Ochracée, & la Bollaire ce qui produit dans le jaspe une teinte louche un peu avivée par le voisinage des taches blanches. Le grain grossier des parties composantes, & la faiblesse de leur ciment rendent, ce jaspe peu susceptible d'un beau poli.

N.ro XI. Nom. *Rouge avec taches obscures, & blanches, de Giuliano.*

Qualités. Grain médioctement fin, Ciment assès puissant, Couleur melangée d'obscur & de blanc laiteux, fond rouge.

Nature. Particules Vitrifiables, cimentées par l'acide marin; colorées en premier lieu par une terre argilleuse rouge. Dans le moment de la lapidification, & du rapprochement des parties composantes, les interstices ont été remplies par une argille blanche, & par un dépôt de roche pourrie conservant encore dans son état de putréfaction, un peu de la téinte obscure ochracée de son état primitif. Ce jaspe est assès agréable à l'œil par ses varietés, mais comme il est très compliqué dans sa composition, il en à moins de solidité dans son tout. Il est sujet à beaucoup de porosités, & toutes ses parties n'offrent pas la même dureté, ni le même tact dans le poli quelles reçoivent.

N.ro XII. Nom. *Fleuri de Giuliano, Varieté.*

Qualités. Grain fin, Ciment puissant, Couleur bigarée de blanc, & de rouge foncé, avec de grandes taches de cette dernière Couleur.

Nature. Particules Vitrifiables, cimentées par l'acide marin, colorées comme celles du jaspe fleuri dont j'ai parlé plus haut, & dont celui ci ne différe que par la grandeur des taches rouges nageantes dans un fond bleu laiteux. Cette variété ne provient que de la surabondance de la partie bollaire rouge. L'influence majeure de cette dissolution martiale se ressent dans la force du ciment de ce jaspe, dans la rarété des porosités, dans son tissu, & dans le poli le plus velouté que peut recevoir la pierre ouvrée.

N.ro XIII.

N.ro XIII. Nom. *Verd de Giuliano*.

Qualités. Grain fin, Ciment puiſſant, Couleur verte foncée avec des nuances rougeâtres & d'autres bleuâtres.

Nature. Particules Vitrifiables, cimentées par l'acide marin, colorées par un dépôt de diſſolution végétale, dans la maſſe de laquelle à filtré quelque peu de fluide téint par une terre argilleuſe rouge. Telle eſt l'origine des nuances rouges, qu'on y remarque de tems en tems, & qui ont même enhardi quelque marbriers de mauvaiſe foi à vendre cette pierre, pour du jaſpe ſanguin, à quelque, voyageurs plus curieux que connaiſſeurs. Quant aux téintes bleuâtres, on en eſt redevable à l'admiſſion d'une diſſolution ochracée, dont les grains jaunâtres à travers la téinte verte premiére, produiſent des reflets bleuâtres. Phenoméne trop connu, pour avoir beſoin d'une explication plus longue. Ce jaſpe eſt un des plus beaux de la Sicile, ſe travaille ſupérieurement, & acquiert le poli le plus velouté, & le plus agréable poſſible.

N.ro XIV. Nom. *Fond obſcur, taches ſédimenteuſes lizerées de blanc*.

Qualités. Grain fin, Ciment aſsès puiſſant, Couleur obſcure entre mêlée de parties ſédimenteuſes, & de taches blanches.

Nature. Particules Vitrifiables, cimentées par l'acide marin, colorées par un dépôt de roche pourrie dans le quel flottent, au hazard, des particules ſédimenteuſes formés par une diſſolution végétale putreſiée, comme il eſt aiſé de le connaître par l'odeur empyreumatique qui s'en exhâle dans le moment de la conflagration. Les taches blanches qu'on remarque dans le même jaſpe ſont des dépôts d'une terre argilleuſe blanche, que je croirai d'une formation ſecondaire par la raiſon d'une moindre dureté, & par la maniére dont ces taches ſont configurées.

N.ro XV. Nom. *Verd obſcur à taches ſédimenteuſes rouges, & jaunes*.

Qualités. Grain fin, Ciment très puiſſant, Couleur verte avec taches ſedimenteuſes rouges, & Jaunes.

Nature. Particules Vitrifiables Cimentées par l'acide Vitriolique, colorées par un dépôt de diſſolution végétale extrémement

mement atténuée, qui en fait la matiére premiére; d'autres particules végétales putrefiées forment les taches sédimenteuses qui flottent dans l'immensité de la téinte verte. Ce n'est pas la seule variété que la Nature ait employé pour embellir ce jaspe. Une dissolution Ochracée jaunâtre, & un autre Bollaire rouge foncée, toutes les deux d'un Oeil assés vif, bigarent cette pierre, mais comme la formation de ce jaspe, est très compliquée, en gagnant du coté de l'éclat, il perd du coté de sa qualité.

N.ro XVI. Nom. *Rouge Fleuri avec taches blanches, & parties transparantes agatisées.*

Qualités. Grain extrémement fin, Ciment très puissant, dans certaines parties de ce jaspe; Couleur Blanche tachetée de Rouge, & remplie des parties agatisées.

Nature. Particules Vitrifiables Cimentées, & colorées comme celles qui composent le tissu du jaspe fleuri, avee la différence que dans celui-cy une substance moins dense, passée de l'état de fluidité à celui de la lapidification, a formé dans le sein de cette pierre des parties louchement transparentes, c'est à dire, un peu nébuleuses. Cette matiére qu'on appelle communement agatisation, est une congélation, si j'ose le-dire, ou plus tôt, une pétrification de particules privées de toute Couleur, & qui par la régularité des parties composantes donnent un libre passage aux faisceaux lumineux, & procurent au tout une éspéce de diaphanéité, que n'ont point les jaspes colorés pour l'ordinaire.

N.ro XVII. Nom. *Jaune Obscur avec taches Jaunes Claires, de Giuliano.*

Qualités. Grain mêlangé, Ciment puissant, Couleur jaune foncée avec taches jaunes Claires.

Nature. Particules Vitrifiables cimentées par l'acide marin, colorées par-deux dépôts ochracés jaunâtres, l'un plus clair que l'autre. Le Grain jaune Clair est beaucoup plus fin que le jaune obscur, cette différence dans les parties composantes nuit au poli, & presente dans le même corps des parties plus ou moins dures.

N.ro XVIII.

N.ro XVIII. Nom. *Rouge fleuri Obscur, avec taches sédimenteuses, de Giuliano.*

Qualités. Grain très fin, parties sédimenteuses grossiéres, Ciment très puissant, couleur rouge obscure mêlée de blanc avec sédiment.

Nature. Particules Vitrifiables, Cimentées par l'acide marin, combiné avec un alkali fixe très gras, qui produit un sel neutre asés facile à obtenir. Les parties composantes de ce jaspe sont colorées par une terre bollaire rouge foncée, savoneuse, & très alkaline. Le Blanc qu'on y remarque est un après coup, formé par un dépôt de terre argilleuse blanche de seconde ladipification. Les parties sédimenteuses proviennent d'un troisieme dépôt de dissolution végétale réduite presque dans l'état Charboneux par la putrefaction, mais non asés triturée encore: ce qui rend ces parties incapables de recevoir aucun poli.

N.ro XIX. Nom. *Rouge, & Blanc avec lignes agatisées, de Giuliano.*

Qualités. Grain fin; Ciment puissant, taches rouges, & blanches fondues l'une dans l'autre, lignes agatisées d'espace, en espace.

Nature. Particules Vitrifiables Cimentées par l'acide marin, Colorées par les mêmes terres, Bollaire rouge, & argilleuse blanche, qui entrent dens la Composition du jaspe fleuri avec la différence, que les deux substances ici ont été mêlées ensemble ce qui rend le contour indécis, & multiplie les demie téintes à l'infini. Les Veines agatisées qu'on trouve éparpillées ça, & là dans ce jaspe sont d'une lapidification secondaire, ou plus tôt, c'est la partie fluide chargée de la substance la plus subtile qui s'est condensée, & a rempli les interstices occasiones par le desséchement de la Matiére première.

N.ro XX. Nom. *Rouge Brun à taches agatisées, & laiteuses avec parties de Marcassites; de Giuliano.*

Qualités. Grain très fin, Ciment puissant, Couleur rouge foncée, bigarée de taches agatisées & Laiteuses, Tissu parsemé de Marcassites:

Nature. Particules Vitrifiables Cimentées par l'acide Vitriolique, colorées en premier lieu par un dépôt de terre bollaire Rouge, en second lieu par des dépôts de la substance fluide propre à être agatisée à l'aide du tems. Les taches laiteuses qu'on voit dans ce jaspe ne sont nullement d'un autre Nature que les agatisées, c'est la même substance, privée de sa diaphanéïté, & devenue laiteuse à l'œil, par la raison de l'intromission de quelques particules de terre blanche Argilleuse entre les interstices des particules agatisées. Les points Métalliques qu'on remarque également dans cette pierre sont un assemblage de marcassites arsénicales, ainsi quil est aisé de le reconnaître dans la conflagration par l'odeur d'ail qu'elles exhâlent, & par la couleur blanchâtre qui serait avivée d'une teinte plus jaunâtre si elles étaient ferrugineuses. Suivant leur Nature elles font trés peu de feu avec l'aciet, & sont assés susceptibles de poli. Au premier coup d'œil elles semblent n'avoir point de Crystallisation déterminée; mais aïant été assés heureux pour tirer du sein de ce jaspe des portions entiéres de cette substance, j'ai remarqué qu'elle incline à la figure Rhomboïdale.

N.ro XXI. Nom. *Rouge Pâle avec taches agatisées, & lizerées de Blanc, de Giuliano*.

Qualités. Grain fin, Ciment puissant, Couleur rouge pâle, avec agatisation lizerée de Blanc.

Nature. Particules Vitrifiables Cimentées par l'acide marin, Colorées par un dépôt de terre Rouge Bollaire, affaiblie dans sa teinte par le mêlange d'un peu de terre Argilleuse Blanche. On remarque dans ce jaspe un Phénoméne de plus, c'est la séparation de la partie dense avec la partie la plus fluide de la matiére déstinée à l'agatisation; Toutes les taches louchement transparentes, que nous appellons communément agatisées, sont toujours lizerées d'un petit contour blanc, qu'on reconnait aisement être émané du sein de la partie fluide.

N.ro XXII. Nom. *Verd obscur avec taches laiteuses sâles, & d'autres rouges de Giuliano*;

Qualités. Grain fin, Ciment Puissant, Couleur verte foncée avec taches laiteuses & Rouges. Na-

Nature. Particules Vitrifiables Cimentées par l'acide marin, colorées par un dépôt de dissolution végétale dans un état de fermentation un peu avancée ; ce qui en a rendu la Couleur plus sombre. Les taches laiteuses sâles que l'on voit dans ce marbre ainsi que les rouges, sont composées d'un alliage d'un peu de terre argilleuse blanche, pour la première & de terre bollaire rouge, pour le seconde ; avec quelques gouttes de matière agatisante, qui se rencontre toujours, plus, ou moins, dans les corps lapidifiés.

N.ro XXIII. Nom. *Rouge obscur, avec taches d'un Rouge vif, de Giuliano, & du Fleuve Chiappante*.

Qualités. Grain fin, Ciment très puissant, couleur rouge, plus ou moins forte par intervalle.

Nature. Particules Vitrifiables, Cimentées par l'acide Vitriolique, colorees par un dépôt de terre bollaire rouge, dans le quel flottent, au hazard, des taches d'un rouge plus vif, formées par l'alliage d'un peu de précipité d'or de Cassius avéc le fluide agatisant. C'est à ce jaspe que je suis redevable d'avoir fixé mes doutes au sujet de la formation des taches rouges du jaspe sanguin. En effet, sans entrer dans le détail d'une analise chimique compliquée, il est impossible de se refuser à la vérité que j'annonce, en considéranr la difference des deux téintes composantes ce jaspe, sur tout, en voyant le brillant de l'oeil de la teinte la plus vive.

N.ro XXIV. Nom. *Verd foncé, avec taches laiteuses sâles, & d'autre rouges*.

Qualités. Grain fin, Ciment puissant, couleur verte foncée avec taches laiteuses, & Rouges.

Nature. Ce jaspe n'est qu'une variété de celui dont nous avons parlé avant le dernier, & il n'en différe que par la longeur de ses couches, & par une teinte verte plus foncée ; qu'on ne doit attribuer qu'à un état de putrefaction plus avancée de la dissolution végétale.

N.ro XXV. Nom. *Rouge vif avec taches jaunes de Giuliano, du côté de la Sambucca*.

Qualités. Grain mêlangé, Ciment puissant dans les ta-

 ches

ches rouges, & médiocre dans les jaunes, Couleur rouge vive avec taches jaunes.

Nature. Particules Vitrifiables, cimentées par l'acide marin, uni a un Alkali fixe très gras; Colorées par un dépôt de terre bollaire, & une dissolution Ochracée très peu ferrugineuse. Au premier coup d'œil j'ai crû reconnaître dans la téinte rouge l'influence de l'Or de Cassius, mais un analise secondaire m'a fait voir que ce n'était comme je l'ai dit cy-dessus qu'un dépôt de terre bollaire rouge avivée par la présence de l'alkali fixe qui a concouru à sa cimentation.

N.ro XXVI. Nom. *Verd obscur avec taches sédimenteuses, & d'autres jaunes pâles, de Giuliano*.

Qualités. Grain fin, Ciment puissant, Couleur verte foncée avec sédiment, & taches jaunes pâles.

Nature. Particules Vitrifiables, cimentées par l'acide marin, colorées par un dépôt de dissolution végétale, dans laquelle s'est faite la séparation de la partie la plus subtile, d'avec la plus grossiére. La premiére compose le tissu du jaspe même, la derniére que je considére comme le marc des parties composantes, y forme des taches sédimenteuses lapidifiées dans l'état, dans le quel, elles flottaient dans le fluide avant la condensation. Un mêlange d'un peu de dissolution ochracée très délayée, & de seconde formation, a donné l'origine aux taches jaunes pâles qu'on voit aussi dans ce jaspe.

N.ro XXVII. Nom. *Verd jaunâtre avec taches noires, & Marcassites de Giuliano*.

Qualités. Grain mêlangé, Ciment tantôt faible, tantôt puissant, Couleur verte jaunâtre avec taches noires & Marcassites.

Nature. Particules Vitrifiables, cimentées par l'acide marin. En voyant les parties jaunes qui flottent dans l'immensité de la teinte verte qui fait le fond de ce jaspe, on serait ténté de croire qu'il y a quelque peu de dissolution Ochracée jaune unie à la matiére premiére; mais ce serait une erreur impardonable, & contraire à tout Principe; car il est constant que l'admission des particules Ochracées dans un fluide verd quelconque, en altére l'œil tout de suite, & lui donne des reflets

olivâ-

olivâtres : il faut donc considérer la colorisation des particules jaunâtres éparses dans ce jaspe, comme un état médiaire entre la dissolution végétale dans l'état de simple dissolution, & l'état charboneux qu'on trouve également dans ce jaspe : ce n'est donc qu'un tout, composé de parties homogénes, ayant acquis des nuances différentes suivant le plus, ou le moins d'action de la fermentation ocasionnée par la putrefaction. Les Marcassites qu'on voit dans ce jaspe étant de la même Nature que celles dont nous avons parlé au numero 20. nous ne croyons pas nécéssaire de répéter ici ce que nous en avons déja dit.

N.ro XXVIII. Nom. *Rouge pâle avec taches sédimenteuses, & d'autres blanchâtres, de Giuliano.*

Qualités. Grain fin, Ciment assès puissant, Couleur rouge faible, avec sédiment, & taches blanches.

Nature. Particules Vitrifiables cimentées par l'acide marin, colorées par un dépôt de terre rouge bollaire, affaiblie dans sa teinte par son mélange avec la terre argilleuse blanche, qui, quelque fois, se trouvant toute seule, forme les taches blanches, qui bigarent ce jaspe : ces mêmes taches blanches sont d'une Couleur un peu alérée par le voisinage des parties sédimenteuses qui se trouvent éparses dans ce jaspe : ce sédiment n'est point une dissolution végétale, mais simplement un dépôt de parties plus grossiéres de la terre rouge bollaire, & argilleuse, qui composent la substance premiére de ce jaspe.

N.ro XXIX. Nom. *Rouge pâle avec taches blanches à ondes, & d'autres d'un rouge vif lizerées de blanc, & remplies de Marcassites, de Giuliano.*

Qualités. Grain fin, Ciment puissant, Couleur rouge pâle avec taches blanches ondées, & autres rouges lizerées de blanc, avec Marcassites.

Nature. Particules Vitrifiables cimentées par l'acide vitriolique, colorée par une terre bollaire rouge, affaiblie dans sa teinte par le mélange d'une terre argilleuse blanche, qui se trouvant dans un état de fluidité très liquide, a transudé à travers la masse premiére, & y a tantôt fait des dépôts, tantôt a environné seulement les parties déjà durcies, d'un Contour suivi, tantôt enfin s'est mélangé avec la terre bollaire, & a produit une teinte te plus vive,& très nuancée. Les Marcassites qui se trouvent dans ce jaspe sont plus ferrugineuses, par conséquent ont une téinte plus dorée, & font plus de feu avec le briquet.

N.ro XXX. Nom. *Verd obscur, avec taches jaunes foncées, & blanchâtres; de Giuliano.*

Qualités. Grain fin, Ciment médiocrement puissant, Couleur verte obscure avec taches jaunes, & blanches.

Nature. Particules Vitrifiables cimentées par l'acide marin, colorées par un dépôt de dissolution végétale, un peu avancée dans sa putrefaction avec des dépôts de terre ochracée, & de terre argilleuse blanche, formés aprés coup.

N.ro XXXI. Nom. *Rouge pâle avec taches agatisées, & liziéres blanchâtres, de Giuliano.*

Qualités. Grain fin, Ciment médiocrement puissant dans les parties colorées, mais très fort dans les parties agatisées; couleur rouge pâle, avec taches agatisées lizerées de blanc.

Nature. Particules Vitrifiables cimentées par l'acide marin, & colorées par la terre rouge bollaire, affaiblie par la terre argilleuse blanche, & par la matiére fluide agatisante, qui comme nous l'avons dit ci-dessus a formé ses contours de sa partie sédimenteuse.

N.ro XXXII. Nom. *Jaune Clair avec taches vertes striées de Marcassites.*

Qualités. Grain mêlangé, Ciment puissant & faible, par intervalle; couleur jaune claire avec taches vertes & strïes de Marcassites.

Nature. Particules Vitrifiables Cimentées par l'acide Vitriolique colorées par des dépôts Ochracées jaunâtres, & par une dissolution végétale dans le comencement de la fermentation. Les Marcassites de ce jaspe s'ecartent ici un peu de leur apparence ordinaire, & s'y présentent, non en rhombes, ni en trapézes, ni même en masses indéterminées, comme elles le font d'ordinaire, mais en strïes paralleles assès longues.

N.ro XXXIII. Nom. *Rouge, avec taches agatisées contournées de Blanc.*

Qualités. Grain fin, Ciment puissant, Couleur rouge avec taches agatisées à liziéres blanches.

Na-

Nature. Particules Vitrifiables cimentées par l'acide marin, colorées par un dépôt rouge Bollaire, dans le quel le fluide agatiſant a fait ſa ſéparation, & ſa dépoſition; ſuivant la maniére que nous avons expliqué plus haut.

N.ro XXXIV. Nom. *Jaune Clair, avec taches rouges Brunes, de Giuliano*.

Qualités. Grain fin, Ciment puiſſant, Couleur Jaune claire, taches Rouges brunes.

Nature. Particules Vitrifiables cimentées par l'acide marin uni à un alkali volatil, colorées par un dépôt Ochracé pâle en couleur, & par un autre dépôt bollaire Rouge rembruni par la preſence de l'alkali.

N.ro XXXV. Nom. *Rouge avec taches agatiſées, & d'autres Laiteuſes Claires*.

Qualités. Grain fin, Ciment puiſſant, Couleur rouge, & taches agatiſées, & autres laiteuſes Claires.

Nature. Particules Vitrifiables cimentées par l'acide marin, colorées par un dépôt rouge bollaire; les taches de ce jaſpe ſont formées par le fluide agatiſant qui a occupé les interſtices, & qui s'y eſt condenſé tantôt tout ſeul, tantôt avec l'admiſſion d'un peu de terre argilleuſe blanche, ce qui fait que ces taches différent entr'elles, & paraiſſent être de Nature diverſe.

N.ro XXXVI. Nom. *Verd & Rouge, avec tâches agatiſées, & particules de Marcaſſites*.

Qualités. Grain fin, Ciment puiſſant, par intervalle, couleur verte mêlangée de rouge, taches agatiſées, particules de Marcaſſites.

Nature. Particules Vitrifiables cimentées par l'acide vitriolique, colorées par un dépôt de diſſolution végétale, & de terre rouge bollaire mêlangées enſemble avec le fluide agatiſant condenſé, & Marcaſſites éparſes dans l'immenſité du tout.

N.ro XXXVII. Nom. *Rouge Brun avec parties agatiſées, & taches laiteuſes, de Giuliano*.

Qualités. Grain fin, Ciment puiſſant, Couleur rouge brune, parties agatiſées, taches laiteuſes.

Na-

Nature. Particules Vitrifiables cimentées par l'acide marin, colorées par un dépôt de terre rouge bollaire, très alkalin avec dépôt de fluide agatifant condenfé, tantôt fimplement, tantôt avec l'admiffion d'un peu de terre blanche argilleufe.

N.ro XXXVIII. Nom. *Rouge vif, avec taches vertes foncées*.

Qualités. Grain fin, Ciment très puiffant, Couleur rouge éclatante, taches verte foncées.

Nature. Particules Vitrifiables cimentées par l'acide marin, colorées par un dépôt confidérable de précipité d'Or de Caffius, avec diffolution végétale, dans un état médiaire de putrefaction, flottante dans l'immenfité. Ce jafpe n'eft point évalué à fa jufte valeur par les marbriers Siciliens, qui, apparamment, ne connaiffent pas fon prix. Pour peu que l'on s'arréte un moment à confidérér fa précieufe formation, on connaitra aifément qu'il devoit être infiniment plus cher que le jafpe fanguin, dont le prix devroit être à fon égard, à peu près à raifon de celui de l'argent à l'or. Soit que les Siciliens fe foyent aperçus de leur méprife, foit que ce jafpe ait commencé à devenir rare, il eft très difficile de s'en procurer à préfent.

N.ro XXXIX. Nom. *Rouge pâle avec parties blanches, & d'autres laiteufes; avec Marcaffites*.

Qualités. Grain fin, Ciment puiffant par intervalle, Couleur rouge faible avec parties agatifées, & laiteufes, & particules de Marcaffites.

Nature. Particules Vitrifiables cimentées par l'acide vitriolique, colorées par un dépôt de terre rouge bollaire, affaiblie dans fa teinte, par le mélange d'un peu de terre argilleufe blanche, avec fluide agatifant condenfé: tantôt fimplement, tantôt altéré par un mélange étranger. On voit dans ce jafpe quelques particules de Marcaffites arfénicales dépofées par hazard, & n'influant nullement fur la Nature de cette fubftance.

N.ro XL. Nom. *Jaune clair avec taches obfcures, de Giuliano*.

Qualités. Grain groffier, Ciment faible en comparaifon des autres jafpes, Couleur jaune pâle, taches jaunes obfcures.

Nature. Particules Vitrifiables cimentées par un acide marin à peine fenfible, colorées par un dépôt ochracé de deux teintes, l'une plus forte en couleur que l'autre.

N.ro XLI. Nom. *Fond d'agate brune, avec taches rouges, de Giuliano.*

Qualités. Grain fin, Ciment très-puissant, Couleur brune, taches rouges.

Nature. Particules Vitrifiables cimentées par l'acide marin très-puissant, colorées par un dépôt de fluide agatisant rembruni par une infiltration de particules de roche pourrie, avec des taches rouges formées par le précipité d'Or de Cassius. Suivant moi, cette substance devroit plutôt être classée parmis les agates, que parmis les jaspes, puisque la partie agatisée domine sur la partie jaspeuse. Cependant, malgré cette raison, je me suis crû obligé de la placer ici, d'aprés la classification de M.r l'Abbé *Tata*, & l'opinion universellement reçue en Sicile.

N.ro XLII. Nom. *Fond rouge, avec parties agatisées, & autres laiteuses, de Giuliano.*

Qualités. Grain fin, Ciment puissant, Couleur rouge, parties agatisées & laiteuses.

Nature. Particules Vitrifiables cimentées par l'acide marin, colorées par un dépôt de terre bollaire rouge, avec fluide agatisant, condensé separément, tantot simple, & tantot composé, avec l'admission d'un peu de terre argilleuse blanche.

N.ro XLIII. Nom. *Verd jaunâtre, avec stries obscures, de Giuliano.*

Qualités. Grain médiocre, Ciment assés puissant, Couleur verte jaunâtre avec stries obscures.

Nature. Particules Vitrifiables cimentées par l'acide marin, colorées par un double dépôt de dissolution végétale, & de terre ochracée mélangées ensemble, & lapidifiées avec un peu d'humidité, sans quoi ces deux Natures diversement colorées auroient produit une teinte tierce, tirant sur le bleu comme elles le font pour l'ordinaire. Dans ce mêlange a filtré un dépôt très faible de roche pourrie, délaiée par un fluide quelconque qui trouvant la lapidification déjà commencée n'a pû penétrer qu'avec peine, ce que l'on remarque par ses traces striées.

N.ro XLIV. Nom. *Rouge fleuri de jaune, avec contours obscurs, & taches d'agate, ds Giuliano.*

Qualités. Grain fin, Ciment aſſés puiſſant, Couleur rouge, taches jaunes fleuries, contours obſcurs, parties agatiſées.

Nature. Particules Vitrifiables cimentées par l'acide marin, colorées par un dépôt de terre rouge bollaire, avec un mêlange de terre ochracée jaunâtre, fait après coup, avec ſéparation de ſa partie ſédimenteuſe qui a formé ſes contours, & un peu de fluide agatiſant ſimplement condenſé.

N.ro XLV. Nom. *Jaune pâle avec taches blanches entre-mêlées d'autres d'un jaune vif, de Giuliano*.

Qualités. Grain mêlangé, Ciment médiocre, Couleur jaune de différentes teintes mêlées de blanc.

Nature. Particules Vitrifiables cimentées par l'acide marin, colorées par un double dépôt d'une terre ochracée jaunâtre, plus, ou moins haute en Couleur par intervalle avec infiltration de terre blanche argilleuſe.

N.ro XLVI. Nom. *Verd jaunâtre avec taches brunes, de Giuliano*.

Qualités. Grain mêlangé, Ciment puiſſant, Couleur verte jaunâtre, taches brunes.

Nature. Particules Vitrifiables cimentées par l'acide marin, colorées par un dépôt de diſſolution végétale dans un état de putrefaction avancée, avec infiltration de diſſolution de roche pourrie faite après coup.

N.ro XLVII. Nom. *Rouge brun ſans taches quelconques, de Giuliano*.

Qualités. Grain fin, Ciment puiſſant, teinte rouge brune ſoutenue.

Nature. Particules Vitrifiables cimentées par l'acide marin, uni à un Alkali volatil très-gras, colorées par un dépôt de terre rouge bollaire, rembrunie dans ſa teinte par la preſence de l'Alkali volatil.

N.ro XLVIII. Nom. *Sanguin, avec taches noires, de Giuliano*.

Qualités. Grain très-fin, Ciment très-puiſſant, Couleur rouge éclatante avec des taches noires flottantes par ci, par là.

Nature. Particules Vitrifiables cimentées par un acide marin très-puiſſant, colorées par le précipité d'Or de Caſſius

avec

avec un dépôt de dissolution végétale, réduite dans l'état charboneux.

N.ro XLIX. Nom. *Jaune brun, de Giuliano.*

Qualités. Grain médiocre, Ciment puissant, Couleur jaune foncée.

Nature. Particules Vitrifiables cimentées par l'acide marin, colorées par un dépôt de roche pourrie.

N.ro L. Nom. *Verd avec taches blanches, & autres laiteuses sâles, de Saint-Stefano de Bivona.*

Qualités. Grain fin, Ciment puissant, Couleur verte mêlangée de blanc, avec taches laiteuses sâles.

Nature. Particules Vitrifiables cimentées par l'acide marin, colorées par une dissolution végétale, avec admission, dans la formation secondaire, d'un peu de terre argilleuse blanche, & du fluide agatisant condensé avec quelques particules de cette même terre.

N.ro LI. Nom. *Iaune clair, opâque, avec taches blanches ondées de blanc sâle, de Saint-Stefano.*

Qualités. Grain mêlangé, Ciment puissant, Couleur jaune claire avec taches blanches ondées de blanc sâle.

Nature. Particules Vitrifiables cimentées par l'acide marin, colorées par un dépôt ochracé, faible en teinte, & un autre dépôt de terre argilleuse blanche, dans la masse de laquelle a filtré un peu de dissolution de roche pourrie.

N.ro LII. Nom. *Jaune sâle, avec taches claires sâles, de Saint-Stefano.*

Qualtités. Grain mêlangé, Ciment puissant, Couleur jaune claire, taches claires sâles.

Nature. Particules Vitrifiables cimentées par l'acide marin, colorées par un dépôt ochracé, & par une terre argilleuse blanche, dans lesquels a filtré un peu de roche pourrie.

N.ro LIII. Nom. *Jaune clair avec petitrs taches laiteuses, & autres brunes, de Saint-Stefano.*

Qualités. Grain mêlangé, Ciment puissant par intervalle, Couleur jaune pâle, taches laiteuses & brunes.

Nature. Particules Vitrifiables cimentées par l'acide marin, colorées par un dépôt ochracé pâle, dans lequel se sont for-

 més

més d'autres dépôts de fluide agatifant laiteux, & de roche pourrie.

N.ro LIV. Nom. *Fond laiteux fâle, avec ondes blanches, & taches blanches, de Saint-Stefano.*

Qualités. Grain mêlangé, Ciment puiffant par intervalle, Couleur laiteufe fâle ondée de blanc, taches blanches.

Nature. Particules Vitrifiables cimentées par l'acide marin, colorées par un dépôt de fluide agatifant un peu trouble, & fédimenteux dans lequel a filtré un peu de terre argilleufe blanche. Là, ou cette terre a rencontrée moins de réfiftance & s'eft trouvée en majeure quantité, elle a formé des dépôts plus confidérables, qui ont donné l'origine aux taches blanches.

N.ro LV. Nom. *Blanc fâle ondé de noir, & taches Brunes, de Saint-Stefano.*

Qualités. Grain fin, Ciment puiffant, Couleur blanche, fâle, ondes noires, taches brunes.

Nature. Particules Vitrifiables Cimentées par l'acide marin, colorées par un dépôt de terre Argilleufe blanche, dans la maffe de laquelle a filtré un peu de diffolution végétale, réduite dans l'état Charboneux, & une autre diffolution de roche pourrie, avec la différence, que la feconde plus forte a formé des dépôts, & des taches; au lieu que la premiére plus faible n'a pû laiffer dans fa marche, que des trâces légéres ftriées, & ondées.

N.ro LVI. Nom. *Blanc Sombre avec taches Blanches, & autres jaunes, de Saint-Stefano.*

Qualités. Grain mêlangé, Ciment affés puiffant, couleur grifâtre, taches blanches, & jaunes.

Nature. Particules Vitrifiables cimentées par l'acide marin, Colorées par un dépôt de terre argilleufe blanche, un peu obfcurcie dans fa teinte par fon mêlange avec une diffolution de roche pourrie, qui, de diftance, en diftance a formé des taches jaunes, & dans la totalité a alteré la coulrur naturelle de la terre argilleufe blanche.

N.ro LVII. Nom. *Blanc fâle avec taches Brunes, & autres laiteufes de Saint-Stefano.*

Qua-

Qualités. Grain mêlangé, Ciment asſès puiſſant, Couleur blanche, ſâle, taches brunes, & laiteuſes.

Nature. Particules Vitrifiables Cimentées par l'acide marin; colorées par un dépôt de terre argilleuſe blanche, ſalie par le voiſinage d'une diſſolution de Roche pourrie, qui dans certains endroits de ce jaſpe, a fait des dépôts asſès conſidérables. Les Taches laiteuſes de ce jaſpe, doivent leur origine comme nous l'avons dit plus haut à un dépôt de fluide agatiſant condenſé impurement.

N.ro LVIII. Nom. *Rouge Vif, de Saint-Stefano*.

Qualités. Grain fin, Ciment très puiſſant, Couleur rouge asſès éclatante.

Nature. Particules Vitrifiables Cimentées par l'acide marin, uni à un alkali fixe, colorées par un dépôt de terre rouge bollaire, avivée dans ſa teinte par la preſence de l'alkali fixe. Au Premier coup d'Oeil, cela paroit être un dépôt de précipité d'or de Caſſius; mais les toucheaux chymiques corrigent la mépriſe, & fixent les doutes à cet égard.

N.ro LIX. Nom. *Rouge avec taches Jaunes Claires, & Lignes Agatiſées, de Camerata*.

Qualités. Grain mêlangé, Ciment puiſſant par intervalle, Couleur rouge, tâches jaunes claires, Lignes agatiſées.

Nature. Particules Vitrifiables, Cimentées par l'acide marin, colorées par un dépôt de terre rouge bollaire, dans la maſſe de laquelle il s'eſt formé d'autres dépôts de terre jaune ochracée, & quelque infiltration de fluide, agatiſant condenſé.

N.ro LX. Nom. *Verd, avec lignes jaunes Claires, de Cammerata*.

Qualités. Grain mêlangé, Ciment puiſſant, couleur verte foncée, lignes jaunes Claires.

Nature. Particules Vitrifiables Cimentées par l'acide marin, colorées par un dépôt de diſſolution végétale, dans un dégré de putrefaction un peu avancée, avec infiltration de terre jaune ochracée.

N.ro LXI. Nom. *Rouge Clair & vif, avec lignes foncées, de Cammerata*.

Qua-

Qualités. Grain fin, Ciment puiſſant, couleur rouge belle, mais pâle, lignes obſcures.

Nature. Particules Vitrifiables, Cimentées par l'acide marin, Colorées par un dépôt de precipité d'or de Caſſius, affaibli dans ſa teinte par le mêlange d'un peu de terre argilleuſe blanche. Dans cette maſſe a filtré un peu de diſſolution de Roche pourrie, mais très faiblement.

N.ro LXII. Nom. *Couleur de Chair, de Camerata*.

Qualités. Grain mêlangé, Ciment puiſſant, Couleur de Chair.

Nature. Particules Vitrifiables Cimentées par l'acide marin, colorées par un mêlange de terre blanche argilleuſe avec un peu de terre rouge bollaire. La teinte de ce jaſpe n'offre qu'une couleur de chair très peu vive, cependent à cauſe de ſes variétés, de ſes nuances, & de ſa rareté, ce jaſpe eſt très recherché, & très cher.

N.ro LXIII. Nom. *Blanc ſâle avec taches agatiſées, & lignes rougeâtres, de Camerata*.

Qualités. Grain mêlangé, Ciment puiſſant, Couleur Blanche ſâle, taches agatiſées, lignes rougeâtres.

Nature. Particules Vitrifiables Cimentées par l'acide marin, colorées par un dépôt de terre rouge Bollaire, un peu ſédimenteuſe, avec un dépôt de fluide agatiſant condenſé, & infiltration de terre rouge bollaire.

N.ro LXIV. Nom. *Verd obſcur, avec taches agatiſées, & ſtries blanches de Camerata*.

Qualités. Grain fin, Ciment puiſſant, Couleur verte foncée, taches agatiſées, ſtries blanches.

Nature. Particules Vitrifiables Cimentées par l' acide marin, colorées par une diſſolution végétale dans un état de putrefaction un peu avancé, avec dépôt de fluide agatiſant condenſé, & infiltration faible de terre blanche Argilleuſe.

N.ro LXV. Nom. *Verd obſcur, avec taches Jaunes, de Camerata*.

Qualités. Grain mêlangé, Ciment puiſſant Couleur, verte ſombre, taches jaunes.

Nature. Particules Vitrifiables cimentées par l'acide marin,

rin, colorées par une dissolution végétale dans un état de putrefaction avancé, avec dépôts de terre ochracée jaune.

N.ro LXVI. Nom. *Verd Obscur avec taches blanches, & jaunes transparentes, ondées de blanc de lait épais, de Misilcannone.*

Qualités. Grain mêlangé, Ciment puisant, Couleur verte foncée avec taches blanches, & jaunes transparentes, ondées de blanc solide.

Nature. Particules Vitrifiables, Cimentées par l'acide marin, colorées par une dissolution végétale avancée en putrefaction, avec dépôt de terre blanche argilleuse, qui en se condensant a fait une séparation de sa partie la plus fluide d'avec la plus grossiére ce qui a consérvé la transparence à la premiére, & a donné un corps plus solide à la seconde. On remarque dans ce jaspe le même Phénoméne relativement à une infiltration jaunâtre, avec la différence, que les particules jaunes plus grossiéres même, dans leur état de fluidité, ont eû une marche plus pesante, & ont laissé par conséquent des ondes moins bien formées.

N.ro LXVII. Nom. *Rouge pâle, avec taches laiteuses, & autres jaunes, de Misilcannone.*

Qualités. Grain mêlangé, Ciment puissant, Couleur rouge pâle, taches laiteuses, & jaunes.

Nature. Particules Vitrifiables cimentées par l'acide marin, colorées par une terre rouge bollaire, affaiblie dans sa teinte par son mêlange avec la terre argilleuse blanche, qui dans certains endroit a fait des dépôts ainsi que la terre ochracée jaunâtre.

N.ro LXVIII. Nom. *Jaune clair, avec taches rouges claires, de Misilcannone.*

Qualités. Grain fin, Ciment puissant, Couleur jaune pâle, taches rouges claires.

Nature. Particules Vitrifiables cimentées par l'acide marin, colorées par un double dépôt de terre jaune ochracée, & de terre rouge bollaire, formés en différents tems.

N.ro LXIX. Nom. *Verd avec taches blanches sâles, de Misilcannone.*

Qualités. Grain fin, Ciment puissant, Couleur verte médiocrement foncée, taches sâles blanches.

Na-

Nature. Particules Vitrifiables cimentées par l'acide marin, colorées par une diſſolution végétale un peu fermentée, & des dépôts de terre blanche argilleuſe un peu ſédimenteuſe.

N.ro LXX. Nom. *Verd clair avec taches blanches, de Miſilcvnnone.*

Qualités. Grain mêlangé, Ciment puiſſant, Couleur verte claire; taches blanches.

Nature. Particules Vitrifiables cimentées par l'acide marin, colorées par une diſſolution végétale, avec dépôt de terre argilleuſe blanche.

N.ro LXXI. Nom. *Verd avec taches jaunes pâles, d'autres jaunes vives, & d'autres blanches, de Miſilcannone.*

Qualités. Grain mêlangé, Ciment puiſſant, Couleur verte ſombre, taches jaunes, & blanches ſâles.

Nature. Particules Vitrifiables cimentées par l'acide marin, colorées par une diſſolution végétale, un peu fermentée, avec dépôts de terre jaune ochracée, & de terre argilleuſe blanche, un peu ſédimenteuſe, formés en différens tems.

N.ro LXXII. Nom. *Ved obſcur avec taches jaunes, & autres blanches ſâles, de Miſilcannone.*

Qualités. Grain mêlangé, Ciment puiſſant, Couleur verte médiocrément ſombre, taches jaunes pâles, jaunes vives, & blanches.

Nature. Particules Vitrifiables cimentées par l'acide marin, colorées par une diſſolution végétale, avancée en fermentation, avec des dépôts de terre jaune ochracée de différentes teintes, & d'autres de terre blanche argilleuſe.

N.ro LXXIII. Nom. *Verd clair avec taches blanches ſâles, & autres jaunes, de Caccamo.*

Qualités. Grain mêlangé, Ciment puiſſant, Couleur verte claire, taches blanches ſâles, & jaunes.

Nature. Particules Vitrifiables cimentées par l'acide marin, colorées par une diſſolution végétale, très-peu fermentée, avec dépôts de terre argilleuſe blanche un peu ſédimenteuſe, & d'autres de terre ochracée jaune.

N.ro LXXIV. Nom. *Rouge brun avec taches laiteuſes, de Miſilmeri.*

Qua-

Qualités. Grain mêlangé, Ciment puissant, Couleur rouge foncée, taches laiteuses.

Nature. Particules Vitrifiables cimentées par l'acide marin, colorées par un dépôt de terre rouge bollaire, dont la teinte a été rembrunie par un Alkali fixe. Les taches laiteuses de ce jaspe sont formées par la condensation d'un dépôt de fluide agatisant avec la terre argilleuse blanche.

N.ro LXXV. Nom. *Rouge pâle, fleuri de petites taches laiteuses ramifiées, de Misilmeri*.

Qualités. Grain mêlangé, Ciment puissant, Couleur rouge pâle fleurie de taches laiteuses.

Nature. Particules Vitrifiables cimentées par l'acide marin, colorées par un dépôt de terre rouge bollaire dans la masse de laquelle, un peu de transsudation de terre argilleuse blanche a formé de petites remifications qui, au premier coup d'œil paraissent tenir à la végétation, ou du moins à ces ramifications métalliques connues sans le nom, d'Arbre de Diane, ou d'Arborisations, également metalliques, comme dans les Dendrittes, & dans les agates arborisées.

N.ro LXXVI. Nom. *Rouge vif, avec taches jaunes, & obscures, de Misilmeri*.

Qualités. Grain mêlangé, Ciment puissant, Couleur rouge vive, taches jaunes, & obscures.

Nature. Particules Vitrifiables cimentées pas l'acide marin, colorées par un dépôt de terre rouge bollaire, qui fait le fond du jaspe, d'autres dépots de terres jaune ochracée, & de dissolution de roche pourrie, forment les taches qui flottent dans l'immensité du tout.

N.ro LXXVII. Nom. *Rouge clair, ondé de jaune, & de blanc sâle, de Misilmeri*.

Qualités. Grain mêlangé, Ciment puissant, Couleur rouge claire, ondes jaunes, & blanches sâles.

Nature. Particules Vitrifiables cimentées par l'acide marin, colorées par un dépôt de terre rouge bollaire, mêlangée de terre blanche argilleuse, qui dans la masse génerale a fait des infiltrations ondées, ainsi que la terre jaune ochracée qui a également transsudé dans la masse génerale.

N.ro LXXVIII.

N.ro LXXVIII. Nom. *Verd obscur, avec taches jaunes foncées, & d'autres blanches, de Misilmeri.*

Qualités. Grain mêlangé, Ciment puissant, Couleur verte foncée, taches jaunes foncées, & blanches.

Nature. Particules Vitrifiables cimentées par l'acide marin, colorées par une dissolution végetale très-fermentée, avec dépôts de terre jaune ochracée très-foncée en Couleur, & de terre argilleuse blanche.

N.ro LXXIX. Nom. *Verd clair, avec parties obscures, de Misilmeri.*

Qualités. Grain fin, Ciment puissant, Couleur verte claire, taches obscures.

Nature. Particules Vitrifiables cimentées par l'acide marin, colorées par une dissolution végétale peu fermentée, & par une dissolution de roche pourrie dans un état de fermentation avancé.

N.ro LXXX. Nom. *Verd obscur, avec taches jaunes claires, de Misilmeri.*

Qualités. Grain mêlangé, Ciment puissant, Couleur verte foncée, taches jaunes claires.

Nature. Particules Vitrifiables cimentées par l'acide marin, colorées par une dissolution végétale très-fermentée, avec dépôts de terre jaune ochracée.

N.ro LXXXI. Nom. *Jaune, avec parties vertes foncées, de Caltabuturo.*

Qualités. Grain mêlangé, Ciment puissant, Couleur jaune, taches vertes foncées.

Nature. Particules Vitrifiables cimentées par l'acide marin, colorées par un dépôt de terre jaune ochracée, & de dissolution végétale très-fermentée. Ce jaspe parait-être absolument le même, que celui dont j'ai parlé ci-dessus, & je ne l'aurais pas classé séparément si je n'y avais pas remarqué deux singularités Caractéristiques. La premiére, que dans celui-ci, c'est la partie ochracée qui fait le fond; & la verte n'est qu'un accessoire, au lieu que dans l'autre c'est le contraire. La seconde, c'est que de tems en tems, on entrevoit dans la masse verte des parties bleuâtres, ce qui m'a fait croire, que la dissolution végétale pouvoit-être de la Nature des teintures bleues, comme celle de vio-

violettes, ou celle de tournesol; & que leur couleur a été altérée par la presence d'un Alkali quelconque. Je ne donne cela cependant que comme une conjecture, car dans mes analises je n'ai obtenu aucun résultat Alkalin.

N.ro LXXXII. Nom. *Verd obscur, avec parties jaunes, & autres vertes claires, de Caltabuturo.*

Qualités. Grain mêlangé, Ciment puissant, Couleur verte sombre, parties jaunes, & vertes claires.

Nature. Particules Vitrifiables cimentées par l'acide marin, colorées par une dissolution végétale dans un état de fermentation avancée, avec dépôts de dissolution végétale à peine fermenté, & de terre ochracée jaune.

N.ro LXXXIII. Nom. *Brun, avec parties vertes claires, de Cefalû.*

Qualités. Grain mêlangé, Ciment puissant, Couleur brune, taches vertes claires.

Nature. Particules Vitrifiables cimentées par l'acide marin, colorées par une déposition de roche pourrie, très-fermentée, avec un autre dépôt de dissolution végétale, dans un état de fermentarion peu avancé.

N.ro LXXXIV. Nom. *Verd obscur, taches vertes claires ondées de jaune, de Cefalû.*

Qualités. Grain fin, Ciment puissant, Couleur verte foncée, taches vertes claires ondées de jaune.

Nature. Particules Vitrifiables cimentées par l'acide marin, colorées par une dissolution végétale très-fermentée, & par une autre dissolutiou également végétale, mais dans un état de fermentation à peine commencée, dans laquelle quelques particules de terre jaune ochracée ont filtrées à l'aide d'un fluide quelconque, & y ont occasionné des ondes faibles en masse, qui ne sont pour ainsi dire que les traces de leur passage.

N.ro LXXXV. Nom. *Jaune foncé, avec taches vertes obscures, & autres vertes claires, de Cefalû.*

Qualités. Grain mêlangé, Ciment puissant, Couleur jaune foncée, taches vertes obscures, & vertes claires.

Nature. Particules Vitrifiables cimentées par l'acide marin, colorées par un dépôt de terre jaune ochracée très-foncée,

 dans

dans lequel se sont formés par intervalle deux autres dépôts de dissolution végétale plus ou moins fermentée.

N.ro LXXXVI. Nom. *Jaune, avec taches rouges & brunes, de Cefalû.*

Qualités. Grain mêlangé, Ciment puissant, Couleur jaune, taches rouges, & brunes.

Nature. Particules Vitrifiables cimentées par l'acide marin, colorées par une terre ochracée jaune, dans la masse de laquelle se sont formés des dépôts de terre rouge bollaire, & de roche pourrie très-fermentée.

N.ro LXXXVII. Nom. *Verd clair avec taches vertes obscures, de Cefalû.*

Qualités. Grain mêlangé, Ciment puissant, Couleur verte claire, taches vertes obscures.

Nature. Particules Vitrifiables cimentées par l'acide marin, colorées par une double dissolution végétale plus ou moins fermentée par intervalle.

N.ro LXXXVIII. Nom. *Jaune claire avec taches rouges, & obscures, de S.te Cristine.*

Qualités. Grain mêlangé, Ciment puissant, Couleur jaune claire, taches rouges, & obscures.

Nature. Particules Vitrifiables cimentées par l'acide marin, colorées par une terre jaunâtre ochracée avec dépôts de terre rouge bollaire, & de dissolution de roche pourrie. Ce jaspe ressemble beaucoup à celui dont nous avons parlé deux articles plus haut, mais comme il vient d'un lieu différent, & qu'il fait un objet de commerce à part, nous nous sommes crû obligé d'en parler séparément, d'autant plus que nous avons déja prévenu nos Lecteurs dans l'introduction placée à la tête de cet Oovrage, sur une monotonie rendu absolument nécéssaire, soit par une similitude apparente des mêmes Principes, soit sur une similitude réelle, mais diversifiée par la différence des sites.

N.ro LXXXIX. Nom. *Verd, avec taches jaunes, & parties rouges, de S.te Cristine.*

Quantités. Grain mêlangé, Ciment puissant, Couleur verte, taches jaunes, parties rouges.

Nature. Particules Vitrifiables cimentées par l'acide marin,

rin, colorées par une dissolution végétale plus ou moins fermentée par intervalle avec petits dépôts de terre jaunâtre ochracée, & dépôts plus considérables de terre bollaire rouge.

N.ro XC. Nom. *Rouge, & jaune avec taches obscures, de S.t Cristine.*

Qualités. Grain fin, Ciment puissant, Couleur rouge mêlangée de jaune avec taches obscures.

Nature. Particules Vitrifiables cimentées par l'acide marin, colorées par un mêlange de terre rouge bollaire, & de terre jaune ochracée, avec admission de quelques petits dépôts de dissolution de roche pourrie.

N.ro XCI. Nom. *Rouge, avec parties vertes, & Laiteuses de Saint-Cristine.*

Qualités. Grain mêlangé, Ciment puissant, Couleur rouge, parties vertes. & laiteuses.

Nature. Particules Vitrifiables, cimentées par l'acide marin, Colorées par une terre rouge bollaire; avec admission de dissolution végétale médiocrement férmentée, & de fluide agatisant combiné & condensé avec un peu de terre Argilleuse blanche.

N.ro XCII. Nom. *Rouge vif, de Monte Vago.*

Qualités. Grain fin, Ciment très puissant, Couleur assès éclatante.

Nature. Particules Vitrifiables cimentées par l'acide marin, colorées par un dépôt de terre rouge bollaire, avivée dans sa teinte par la presence d'un alkali volatil.

N.ro VII. Nom. *Couleur de chair, ondé de Brun, & de Jaune, de Castronuovo.*

Qualités. Grain mêlangé, Ciment puissant, Couleur de chair, ondes brunes, & jaunes.

Nature. Particules Vitrifiables cimentées par l'acide marin, colorées par un mêlange de terre blanche Argilleuse avec un peu de terre rouge bollaire. Par intervalle, on voit dans ce jaspe quelque faible transsudation de terre jaune ochraeée, & de dissolution de roche pourrie.

N.ro XCIV. Nom. *Couleur de Chair pâle, de Castronuovo.*

Qualités. Grain mêlangé, Ciment puissant, Couleur de chair pâle,

Na-

Nature. Particules Vitrifiables cimentées par l'acide marin, colorées par un mêlange de terre argilleuſe blanche avec un peu de terre rouge bollaire. Ce jaſpe eſt le même que le précédent avec la différence qu'il n'a admis dans ſon ſein aucune tranſſudation étrangére, & que dans la compoſition de ſa maſſe, la terre blanche argilleuſe a été en très grande ſurabondance.

N.ro XCV. Nom. *Verd Obſcur, avec taches blanches ſâles, & d'autres jaunes, du Territoire del Caſſero.*

Qualités. Grain mêlangé, Ciment puiſſant; Couleur verte obſcure, taches blanches ſâles, & jaunes.

Nature. Particules Vitrifiables cimentées par l'acide marin, colorées par une diſſolution végétale très fermentée, avec dépôts de terre argilleuſe blanche uu peu ſédimenteuſe, & de terre ochracée.

N.ro XCVI. Nom. *Jaune ſâle, avec taches blanches ſâles, & d'autres jaunes obſcures, de Caſtronuovo.*

Qualités. Grain mêlangé, Ciment puiſant, Couleur jaune ſâle, taches blanches ſâles, & jaunes obſcures.

Nature. Particules Vitrifiables cimentées par l'acide marin, colorées par la terre jaune ochracée, un peu ſédimenteuſe, avec dépôts de terre blanche argilleuſe également ſédidimenteuſe, & un peu de diſſolution de roche pourrie combinée avec de la terre ochracée jaune.

N.ro XCVII. Nom. *Verd pâle, ondé de petites taches obſcures, de Gian Cavallo.*

Qualités. Grain aſsès fin, Ciment puiſſant, Couleur verte claire, petites taches, ondes obſcures.

Nature. Particules Vitrifiables cimentées par l'acide marin, colorées par une diſſolution végétale à peine fermentée, avec l'admiſſion d'une tranſſudation de roche pourrie très légére.

N.ro XCVIII. Nom. *Jaune, tirant ſur la Couleur de Chair, avec taches rouges & noires, d'Adriano.*

Qualités. Grain très mêlangé, Ciment puiſſant, Couleur jaune rougeâtre, taches rouges, & noires.

Nature. Particules Vitrifiables cimentées par l'acide marin,

rin, colorées par la terre jaune ochracée avec l'admission d'un peu de terre rouge bollaire, qui dans certains endroits a fait des dépôts assès considérables, ainsi qu'une dissolution végétale réduite dans l'état charboneux, qui par intervalle a formé dans ce jaspe des petites taches flottantes au hazard.

N.ro XCIX. Nom. *Rouge clair, avec taches laiteuses, & veines Agatisées, de Monreal.*

Qualités. Grain très fin, ciment très puissant, couleur rouge claire, taches laiteuses, veines agatisées.

Nature. Particules Vitrifiables cimentées par l'acide marin, uni à un alkali volatil très gras, colorées par une terre argilleuse rouge, faible de teinte, avec dépôt de fluide agatisant, combiné avec un peu de terre argilleuse blanche, & transsudation de la même Nature dans son état de pureté.

N.ro C. Nom. *Jaune, ondé de Brun, de Candita.*

Qualités. Grain fin, Ciment puisant, Couleur jaune, taches rouges, ondes brunes.

Nature. Particules Vitrifiables cimentées par l'acide marin, colorées par une terre jaune ochracée avec dépôts de terre rouge bollaire, & transsudation de dissolution de roche pourrie.

N.ro CI. Nom. *Bleu Clair, du Territore de Chiusa.*

Qualités. Grain très fin, Ciment extrèmement puissant, Couleur bleue grisâtre.

Nature. Particules Vitrifiables cimentées par l'acide vitriolique, uni à un alkali Phlogistique apparemment par quelque dissolution animale. Il me paroit que c'est le ciment même de ce jaspe qui a concurru à sa colorisation, & je suis d'autant plus enhardi à avancer cette assertion que dans l'analise que j'en ai faite j'ai obtenu pour résultat un bleu de prusse extrèmement faible en teinte, par la surabondance des particules de terre Argilleuse blanche qui composaient avec lui la masse de cette substance. Ce jaspe est extrèmement rare, & par conséquent très-cher, un palme cube coute jusqu'a quatre onces, & encore ne peut-on pas toujours s'en procurer.

N.ro CII. Nom. *Rouge, & verd avec Marcassites, du fleuve Orete.*

Qua-

Qualités. Grain médiocrement fin, Ciment puissant, Marcassites éparses au hazard.

Nature. Particules Vitrifiables cimentées par l'acide vitriolique, colorées par une dissolution végétale, qui dans certaines parties a été rougie par la presence de cet acide. Les Marcassites de ce jaspe sont arsenicales, & en ont toutes les apparences, & les propriétés.

N.ro CIII. Nom. *Jaune obscur, ondé de Couleur de chair avec des petites taches rouges, & jaunes, de Monréal*.

Qualités. Grain mêlangé, Ciment médiocrement puissant, Couleur jaune obscure, taches rouges, & jaunes claires, ondées de Couleur de chair.

Nature. Particules Vitrifiables cimentées par l'acide marin, colorées par une terre ochracée jaune, continuellement alterée dans sa teinte par l'admission de la terre rouge bollaire qui y a formé des taches rouges, & des ondes couleur de chair suivant le degré de sa surabondance respective, ou suivant le tems de son mêlange.

N.ro CIV. Nom. *Jaune vigoureux, avec taches jaunes claires, & lignes obscures, de Caputo*.

Qualités. Grain médiocrement fin, Ciment assés puissant. Couleur jaune forte, avec taches jaunes claires, & lignes obscures.

Nature. Particules Vitrifiables cimentées par l'acide marin; colorées par une terre jaune ochracée d'une teinte plus ou moins forte par intervalle, avec transsudation de dissolution de roche pourrie.

N.ro CV. Nom. *Rouge foncé, avec lignes blanches, & parties jaunes sâles, de Moardo*.

Qualités. Grain médiocrement fin, Ciment assès puissant, Couleur rouge obscure, parties jaunes sâles, lignes blanches.

Nature. Particules Vitrifiables cimentées par l'acide marin, colorées par une terre rouge bollaire avec dépôts de terre jaune ochracée, & transsudation de terre blanche argilleuse, toutes les deux un peu sédimenteuses.

N.ro CVI. Nom. *Jaune, & rouge pâle, ondé de blanc sâle avec parties laiteuses, de la vallée de i Cannelli*.

Qua-

Qualités. Grain mêlangé, Ciment puiſſant, Couleur jaune, & rouge pâle, ondes blanches ſâles, parties laiteuſes.

Nature. Particules Vitrifiables cimentées par l'acide marin, colorées par le mêlange d'une terre jaune ochracée, & d'une terre rouge bollaire affaiblie dans ſa teinte par le voiſinage d'une terre blanche argilleuſe ſédimenteuſe, qui a tranſſudée dans certaines parties, & dans d'autres s'eſt combinée avec le fluide agatiſant, & y a formé des dépôts laiteux.

N.ro CVII. Nom. *Jaune avec taches noires, de Caſtellaccia.*

Qualités. Grain médiocrement fin, Ciment puiſſant, Couleur jaune, taches noires.

Nature. Particules Vitrifiables cimentées par l'acide marin, colorées par une terre jaune ochracée avec des dépôts de diſſolution végétale réduite dans l'état charboneux.

N.ro CVIII. Nom. *Rouge avec taches agatiſées, & autres noires de la plaine de Magli.*

Qualités. Grain fin, Ciment puiſſant, Couleur rouge aſſés belle, taches agatiſées, & noires.

Nature. Particules Vitrifiables cimentées par l'acide marin, colorées par un dépôt de terre bollaire rouge, avec d'autres dépôts ſecondaires de fluide agatiſant condenſé, & de diſſolution végétale réduite dans l'état charboneux.

N.ro CIX. Nom. *Verd & noir, avec de petites taches noires, de la montagne de Saint-Giuliano.*

Qualités. Grain très fin, Ciment puiſſant, Couleur verte, & noire par intervalle avec de petites taches noires flottantes dans le verd.

Nature. Particules Vitrifiables cimentées par l'acide marin, colorées par une diſſolution végétale, tantot à peine fermentée, tantot dans un état de fermentation pouſſée juſqu'à l'état charboneux. C'eſt l'analiſe de ce jaſpe qui a en partie decidé mes doutes ſur l'origine de la teinte noire, & même de la verte. Comme toutes ces parties compoſantes rendaïent dans la conflagration un odeur empyreumatique; ce réſultat joint à d'autres preuves m'a garanti la verité de l'idée concue à cet égard.

N.ro CX. Nom. *Rouge, & noir avec parties laiteuses de Castro Giovanni.*

Qualités. Grain mêlangé, Ciment puissant, Couleur rouge & noire, parties laiteuses.

Nature. Particules Vitrifiables cimentées par l'acide marin, colorées par uue terre rouge bollaire, & un double dépôt de dissolution végétale réduite dans l'état charboneux, & du fluide agatisant condensé avec une terre argilleuse blanche.

N.ro CXI. Nom. *Verd obscur, avec Marcassites, de Centoripa.*

Qualités. Grain asses fin, Ciment puissant, Couleur verte foncée, Marcassites éparses dans la totalité.

Nature. Particules Vitrifiables cimentées par l'acide marin, colorées par une dissolution végétale très fermentée avec Marcassites arsenicales, sans configuration réguliére éxactement prononcée.

CLASSE XV.

Des Agates.

Ce que j'ai dit en parlant des jaspes, peut se dire également des agates, avec cette particularité de plus, que ces dérniéres admettent le moins de parties terreuses qu'il est possible dans la composition de leur tissu. Le fluide agatisant épuré, & condensé en fait pour l'ordinaire le fond, dans le quel on voit flotter au hazard des dépôts ochracés, ou bollaires, ou bien quelque dissolution végétale ou minérale, tantôt en forme de taches, tantôt en ondes presque toujours paralleles; car dans leur transsudation la force impulsive étant égale à la force résistante, ce fluide ne peut ni sortir des bornes qui lui sont prescrites, ni céder lui même à la pression du fluide qui l'énvironne. Presque toutes les couleurs qu'on admire dans les agates quoique formées par des vapeurs, ou par des dissolutions métalliques colorantes une terre argilleuse quelconque, comme celles qui embéllissent les jaspes; jouissent d'une diaphaneïté que n'ont point ces derniéres, & qu'on ne peut attribuer qu'à une trituration plus grande des parties composantes, séparémment disso-

diſſoutes par le fluide agatiſant dans le moment qu'il les délaye, & les force à former un tout avec lui. Il faut en excepter celles qui offrent, ſoit dans quelques parties, ſoit dans leur tout, des corps blancs, ou noirs: cet exception eſt fondée ſur une double raiſon: en premier lieu, le blanc & le noir ne ſont point des couleurs réelles, en ſecond lieu elles ne pourayent être produites, quant au blanc, par aucune chaux métallique, comme par exemple par la ceruſe, état que le plomb ne prend preſque jamais par la voye humide: ou bien par le magiſtére de Biſmuth, ſémi-métal abſolument inconnû en Sicile. Quant'au noir, l'état charboneux peut ſeul le produire, & comme la voye humide n'a point le pouvoir d'opérer cette metamorphoſe avec les méteaux; ce ne peut donc être que la diſſolution végétale, ou animale qui peu faire naître cette teinte. Ce qui revient au même par la ſimilitude des parties conſtituantes les deux natures.

J'en éxcépterai auſſi les agates terreuſes, ou opâques; les ſédimenteuſes, les mouſſeuſes, & les arboriſées; qui meriteraient chaq'une une claſſe particuliére; mais je n'ai pas crû devoir le faire dans un Ouvrage que je ne pretends pas offrir au public comme claſſique, & qui ne renferme tout au plus que des obſérvations claſſifiées.

Je me contenterai ſeulement de définir ici très en abrégé chaqu'une des qualités dont j'ai parlé plus haut.

J'appelle agates terreuſes, ou opâques, celles qui ont été formées par une ſurabondance de parties terreuſes quelconques avec très peu de fluide agatiſant à peine ſuffiſant à l'agatiſation du tout, & ne trahiſſant nulle part ſa preſence dans l'état de pureté, c'eſt-à-dire, avec une diaphanéité nébuleuſe, reſſemblante à celle des Calcedoines.

Je déſigne ſous le nom de ſédimenteuſes, celles qui dans un fond plus ou moins coloré, plus ou moins diaphane, offrent à l'œil des parties opâques, formées par des dépôts de la partie la plus groſſiére des particules terreſtres, influants ſur la coloriſation de ces agates. Les agates mouſſeuſes ſe reconnaiſſent facilement par des ramifications flottantes dans un fond, pour l'ordinaire tranſparent, & qu'on ne peut attribuer qu'à l'admiſſion de quelques parties ſédimenteuſes d'une diſſolution végétale quelconque, envéloppée, & durcie par le fluide agatiſant dans le moment de ſa condenſation.

Les agates arboriſées, ſont un jeu de la Nature dont j'aurai lieu de parler tout au long dans le Chapitre des produits ſémi-métalliques.

La diverſité prodigieuſe des agates de la Sicile, m'oblige à ſuivre à leur egard la même marche que j'ai déjà tenu dans la déſcription des jaſpes; c'eſt-à-dire, d'en preſenter l'analiſe une à une, comme je vais les expoſer ici.

N.ro I. Nom. *Agathe à fond tranſparant, taches jaunes, couleur de chair, & autres laiteuſes, du fleuve Drillo.*

Qualités. Grain fin, Ciment puiſſant, fond tranſparent, taches jaunes; fond Couleur de chair, parties laiteuſes.

Nature. Particules Vitrifiables cimentées par l'acide marin, colorées par un dépôt de fluide agatiſant, avec admiſſion dans certaines parties de particules ochracées jaunes, & d'autres bollaires rouges affaiblies dans leur teinte par le voiſinage d'une terre argilleuſe blanche, qui domine dans cette agate au point de ſe combiner même avec le fluide agatiſant, & de former des taches laiteuſes.

N.ro II. Nom. *Jaune opâque, avec taches laiteuſes, ondées de blanc très-clair, du fleuve Drillo.*

Qualités. Grain très-fin, Ciment puiſſant, Couleur jaune opâque, taches laiteuſes ondées de blanc clair.

Nature. Particules Vitrifiables cimentées par l'acide marin, colorées par un dépôt de terre ochracée jaune; un autre dépôt de terre argilleuſe blanche, combinée avec le fluide agatiſant, forme les taches laiteuſes qu'on voit dans cette agate. La partie ſédimentuſe de cette terre argilleuſe dépouillée de fluide agatiſant, & ſimplement lapidifiée, donne l'origine aux liziéres blanches qui s'y trouvent, ainſi qu'aux taches laiteuſes; & forme même dans cette maſſe des ondes aſsès viſibles. Je crois qu'il eſt néceſſaire d'avertir ici, que cette agate, & toutes celles dans leſquelles une teinte quelconque ſera accompagnée, dans nôtre deſcription de l'adjectif opâque; ſont du nombre, & de la qualité de celles d'une agatiſation moins parfaite: c'eſt-à-dire, que les

les particules hétérogénes terréstres dominant sur le fluide agatisant, bouchent les interstices de maniére qu'elles empêchent la transparence. Ces agates sont pour l'ordinaire moins pesantes; & moins bien cimentées que les autres.

N.ro III. Nom. *Jaune opâque pâle, avec taches agatisées, & liziéres blanches, du fleuve Chiappante.*

Qualités. Grain médiocrement fin, Ciment puissant, Couleur jaune pâle, mais opâque, taches agatisées liziéres blanches.

Nature. Cette agathe est à peu-prés la même, que la précedente, avec la différence que dans celle-ci, de tems en tems, le fluide agatisant épuré, & separé de toute substance hétérogéne, a formé des dépôts, clairs & diaphanes. C'est une espece de jaspe-agate ou pour mieux dire de jaspe agatisé.

N.ro IV. Nom. *Jaune & rouge, avec taches blanches, de Giuliano.*

Qualités. Grain très-fin; Ciment très-puissant, Couleur jaune & rouge, taches blanches.

Nature. Particules Vitrifiables cimentées par l'acide marin, colorées par un triple dépôt de terre ochracée jaune, de terre bollaire rouge, & de terre argilleuse blanche, formés l'une après l'autre par la succéssion des tems avec la différence que les deux premiéres ont faites des parties considérables, au lieu que la derniére n'a pû produire que des taches éparses au hazard. Mais toutes les terres délaiées dans un fluide agatisant très abondant dans leur état d'agatisation, ont conservé beaucoup de diaphaneïté dans toutes leurs teintes, ce qui est la marque Caractéristique des agathes, & leur différence avec les jaspes, & tout autre substance.

N.ro V. Nom. *Jaune obscur, avec taches blanches, de Giuliano.*

Qualités. Grain fin, Ciment très-puissant, Couleur jaune obscure, taches blanches.

Nature. Particules Vitrifiables cimentées par l'acide marin, colorées par un dépôt de terre rouge ochracée, & un autre de terre argilleuse blanche.

N.ro VI. Nom. *Fond blanc transparent, avec taches jaunes, de Giuliano.*

Qua-

Qualités. Grain très-fin, Ciment très-puiſſant, Couleur blanche tranſparente, taches jaunes.

Nature.. Cette agate eſt la même à peuprès, que la précédente avec la ſeule différence que dans celle-ci la terre blanche domine ſur la jaune, & une ſurabondance de fluide agatiſant rend certaines parties plus tranſparentes.

N.ro VII. Nom. *Fond jaune, avec taches noires, de Giuliano*.

Qualités. Grain très-fin, Ciment très-puiſſant, Couleur jaune, taches noires.

Nature. Particules Vitrifiables cimentées par l'acide marin, colorées par un dépôt de terre rouge ochracée avec diſſolution végétale réduite dans l'état charboneux.

N.ro VIII. *Fond jaune opâque, avec taches laiteuſes, de Giuliano.*

Qualités. Grain fin, Ciment puiſſant, Couleür jaune opâque, taches laiteuſes.

Nature. Particules Vitrifiables cimentées par l'acide marin, colorées par un dépôt de terre jaune ochracée, & d'un autre de terre argilleuſe blanche unie, & combinée avec le fluide agatiſant.

N.ro IX. Nom. *Fond tranſparent, avec taches laiteuſes, & parties jaunes, de Giuliano*.

Qualités. Grain très fin, Ciment très puiſſant, taches laiteuſes blanches jaunâtres.

Nature. Particules Vitrifiables cimentée par l'acide marin, colorées par trois dépôts; l'un de fluide agatiſant épuré qui fait le fond de cette agate, l'autre de terre argilleuſe blanche unie à un peu de fluide agatiſant, mais avec ſurabondance de ſon côté qui donne naiſſance aux taches laiteuſes blanches; enfin à une terre ochracée jaune aſsès haute en couleur.

N.ro X. Nom. *Jaune vif, avec taches blanches tranſparentes, & autres blanches opâques & brunes, de Giuliano*.

Qualités. Grain mêlangé, Ciment plus ou moins puiſſant par intervalle, Couleur jaune vive, taches blanches tranſparentes & opâques, mêlangées de Brunes.

Nature. Particules Vitrifiables cimentées par l'acide marin,

rin, colorées par un double dépôt de terre jauue ochracée, & de terre argilleuse blanche. Il est bon d'observer que cette dernière dissolution terrestre tantôt acquiert la transparence par la surabondance du fluide agatisant, tantôt la perd entierement. Dans cette masse a transsudé un peu de dissolution de roche pourrie apparamment avant l'état d'agatisation.

N.ro XI. Nom. *Fond transparent, avec taches laiteuses, & jaunes, de Giuliano.*

Qualités. Grain fin, Ciment puissant, fond transparent, taches laiteuses & jaunes.

Nature. Particules Vitrifiables cimentées par l'acide marin, colorées par un dépôt de fluide agatisant épuré, dans le quel flottent d'autres dépôts de terre ochracée jaune, & de terre argilleuse blanche, souvent delaïé par le même fluide.

N.ro XII. Nom. *Jaune, avec taches rouges, & autres blanches transparentes, de Giuliano.*

Qualités. Grain fin, Ciment très puissant, couleur jaune, taches rouges & blanches transparentes.

Nature. Particules Vitrifiables cimentées par l'acide marin, colorées par un dépôt de terre ochracée jaune très abondant, & deux autres de terre rouge bollaire, & de terre argilleuse blanche, plus faible delaïée dans un fluide agatisant très pâle.

N.ro XIII. Nom. *Jaune foncé, avec taches transparentes, & d'autres brunes, de Camerata.*

Qualités. Grain mêlangé, Ciment puissant, par intervalles, Couleur jaune foncée, parties transparentes, taches brunes.

Nature. Particules Vitrifiables cimentées par l'acide marin, colorées par un dépôt de terre jaune ochracée, dont la teinte a été un peu rembrunie par la presence d'une dissolution de roche pourrie qui a fait dans cette agate des petits dépôts. Le fluide agatisant très epuré, & condensé a égalément formé des parties très considérables.

N.ro XIV. Nom. *Verd & jaune, avec taches blanches Crystallisées, de Camerata.*

Qualités. Grain mêlangé, Ciment très puissant par inter.

tervalle, couleur Verte & jaune, taches blanches cryſtaliſées.

Nature. Particules Vitrifiables cimentées par l'acide marin, colorées par un double dépôt de diſſolution végétale à peine fermentée, & de terre ochracée jaune dans le ſein deſquelles ſe ſont formées des taches blanches cryſtaliſées, provenues d'un mêlange d'un peu de terre blanche argilleuſe avec un fluide agatiſant extrêmement pur, & dont les particules ayant une Configuration déterminée dans l'arrangement de leurs parties, tendent vers une cryſtaliſation réguliére.

N.ro XV. *Verd Couleur d'Olive, avec taohes Blanches, & d'autres Brunes, de Camerata.*

Qualités. Grain mêlangé, Ciment puiſſant, Couleur verte jaunâtre, taches blanches & brunes.

Nature. Particules Vitrifiables cimentées par l'acide marin, colorées par un dépôt de diſſolution végétale, mêlangée avec une terre ochracé jaune. Ce qui a procuré à cette Agate une teinte de Couleur d'olive très agréable. Les taches blanches, & brunes qu'on voit égalément flotter dans ce tiſſu, ſont dûes à un double dépôt de terre argilleuſe blanche, & de diſſolution de roche pourrie.

N.ro XVI. Nom. *Jaune foncé, avec taches blanches Criſtalliſées, & d'autres obſcures, de Camerata.*

Qualités. Grain mêlangé, Ciment puiſſant, Couleur jaune foncée, taches blanches cryſtalliſées, & d'autres obſcures.

Nature. Particules Vitrifiables cimentées par l'acide marin, colorées par un dépôt de terre ochracée jaune, d'une teinte un peu ſombre. Les taches blanches cryſtaliſées de cette agate ſont de la même nature de celles qui bigarent l'agate verte, & jaune du numero 14., & doivent leur origine à un principe ſemblable. Quant aux taches obſcures, elles ſont un produit d'un dépôt de diſſolution de roche pourrie.

N.ro XVII. Nom. *Verd foncé, avec taches jaunes, de Camerata.*

Qualités. Grain fin, Ciment très puiſſant, Couleur verte foncée, taches jaunes.

Qua-

Nature. Particules Vitrifiables cimentées par l'acide marin, colorées par une dissolution végétale dans un état de fermentation un peu avancé, & par de petits dépôts de terre jaune ochracée.

N.ro XVIII. Nom. *Blanche sâle, avec taches vertes claires lizérées de brun, de Castronuovo.*

Qualités. Grain mêlangé, Ciment puissant, Couleur blanche sâle, taches vertes claires, liziéres brûnes.

Nature. Particules Vitrifiables cimenteés par l'acide marin, colorées par un dépôt de terre blanche argilleuse, un peu sédimenteuse, dans laquelle ont filtré deux autres dépôts, l'un de dissolution végétale, très delayée, l'autre de dissolution de roche pourrie. Le prémiere de ces dissolutions faible en couleur, & légére en masse, par conséquent plus fluide, a occupé le centre dans les dépôts formés, dans la masse générale, & a été la derniére à se condenser, comme on le dévine aisément à l'aspect des petites crevasses qu'on voit dans ces taches. La seconde plus solide, ou si j'ose le dire, plus terreuse; a laissé plus facilément évaporer les particules humides qui détrempaient ses parties composantes, & a formé des dépôts plus ou moins larges dans leur contour, suivant le plus, ou le moins de résistance que lui a opposé le fluide qn'elle renferme. Cette agate sans être belle à l'œil, est peut être la substance la plus curieuse que puisse offrir la Sicile aux analises d'un Naturaliste observateur, par la varieté des Natures qui concourrent à la formation du tout, & par les phénoménes particuliers que leur mutuelle tendence, & leurs proprietés individuelles, font naître à tout moment.

N.ro XIX. Nom. *Jaune claire, avec taches blanches crystallisées, & parties vertes claires, de Castronuovo.*

Qualités. Grain mêlangé, Ciment puissant, Couleur jaune claire, taches blanches crystalisées, parties vertes claires.

Nature. Particules Vitrifiables cimentées par l'acide marin, colorées par un dépôt de terre jaune ochracée très faible en teinte. Dans ce fond on voit flotter au hazard des dépôts de fluide agatisant, quelque fois condensé dans l'état de pureté avec tendance à la crystallisation, & tantôt combiné avec un peu

 de

de terre argilleuſe blanche,& forment une ſubſtance blanche laiteuſe. Les parties vertes claires qui embélliſſent également cette agate ſont duës à des dépôts conſidérables de diſſolution végétale delayée par le même fluide agatiſant.

N.ro XX. Nom. *Verte olivâtre, à ſédiment, avec taches blanches, de Caſtronuovo.*

Qualités. Grain mêlangé, Ciment puiſſant, Couleur verte olivâtre, taches blanches.

Nature. Particules Vitrifiables cimentées par l'acide marin, colorées par un double dépôt de diſſolution végétale, & de terre jaune ochracée mêlangés enſemble, & tout deux ſédimenteux; & par un troiſiéme de terre blanche argilleuſe qui s'eſt formé des petits dépôts, au moment ou la maſſe générale était à moitié durcie.

N.ro XXI. Nom. *Verte claire, avec taches blanches ſâles, de Caſtronuovo.*

Qualités. Grain fin; Ciment puiſſant, Couleur verte claire, taches blanches ſâles.

Nature. Particules Vitrifiables cimentées par l'acide marin, colorées par un double dépôt de diſſolution végétale un peu affaiblie dans ſa teinte, & de terre argilleuſe blanche un peu ſâle.

N.ro XXII. Nom. *Verte brune, avec taches vertes claires, de Camerata.*

Qualités. Grain mêlangé, Ciment puiſſant, Couleur verte brune, taches vertes claires.

Nature. Particules Vitrifiables cimentées par l'acide marin, colorées par un double dépôt d'une diſſolution végétale plus au moins fermentée.

N.ro XXIII. Nom. *Verte obſcure, avec taches blanches cryſtalliſées, de Camerata.*

Qualités. Grain fin, Ciment puiſſant, Couleur verte obſcure, taches blanches cryſtalliſées.

Nature. Particules Vitrifiables cimentées par l'acide marin, colorées par un dépôt de diſſolution végétale dans un état de fermentation avancé, dans lequel a tranſſudé un fluide agatiſant combiné, avec un peu de terre argilleuſe dans certaines parties, & ſeul & très épuré, dans d'autres.

N.ro XXIV.

N.ro XXIV. Nom. *Jaune & verte claire, avec taches vertes obſcures, de Camerata.*

Qualités. Grain fin. Ciment puiſſant, Couleur jaune, & verte, taches vertes obſcures.

Nature. Particules Vitrifiables cimentées par l'acide marin, colorées par deux dépôts formés l'un après l'autre, l'un de terre jaune ochracée, l'autre de diſſolution végétale très délayée par le fluide agatiſant. Dans ces deux dépôts il s'en eſt formé d'autres par l'admiſſion d'une diſſolution végétale beaucoup plus fermentée, & plus ſolide en maſſe.

N.ro XXV. Nom. *Jaune, avec taches blanches ſâles, & d'autres obſcures, de Camerata.*

Qualités. Grain fin, Ciment puiſſant,, Couleur jaune, taches blanches ſâles, & obſcures.

Nature. Particules Vitrifiables cimentées par l'acide marin, colorées par un dépôt de terre jaune ochracée, avec des dépôts de terre argilleuſe blanche, & de roche pourrie affaiblie en teinte par le voiſinage de la terre blanche argilleuſe, qu'elle a ſâli à ſon tour.

N.ro XXVI. Nom. *A fond tranſparent cryſtalliſé, taches jaunes, de Caccamo.*

Qualités. Grain très fin dans la totalité, & un peu groſſier dans les taches, Ciment également très puiſſant, fond tranſparent cryſtalliſé, dans certaines parties, taches jaunes.

Nature. Particules Vitrifiables cimentées par l'acide marin, colorées par un dépôt conſidérable de fluide agatiſant très épuré en général; mais dans certaines parties preſentant de petites matrices de ſpath, de la Nature du ſpath fuſible, d'une configuration rhomboidale exactement prononcée. Les taches jaunes qui flottent dans ce fond tranſparent, ſont des petits dépôts de terre jaune ochracée, admis dans le moment de l'agatiſation.

N.ro XXVII. Nom. *Jaune pâle, avec taches blanches ſâles lizérées d'une cryſtalliſation tranſparente, de Caccamo.*

Qualités. Grain fin, Ciment puiſſant, Couleur jaune pâle, taches blanches ſâles, liziéres cryſtalliſées avec tranſparence.

Nature. Particules Vitrifiables cimentées par l'acide marin,

rin, colorées par un dépôt de terre jaune ochracée, affaiblie dans sa teinte par le voisinage d'une terre blanche argilleuse un peu sédimenteuse qui a fait aussi quelque petit dépôt dans cette agate. Les liziéres crystallisées que l'on remarque aux environs des taches blanches sont une émanation ou une transsudation de quelque particule de fluide agatisant qui s'est separé des parties terreuses qu'il détrémpait,& s'est condensé à l'entour des corps déjà durcis, qui ont servi de baze à sa crystallisation.

N.ro XXVIII. Nom. *Jaune claire, avec fond transparent crystallisé, de Milizia.*

Qualités. Grain très fin, Ciment puissant, Couleur jaune claire, fond transparent crystallisé.

Nature. Particules Vitrifiables cimentées par l'acide marin, colorées par un dépôt de terre jaune ochracée très claire en teinte, & par un autre de fluide agatisant condensé séparément.

N.ro XXIX. Nom. *Jaune foncée, avec fond transparent crystallisé, de Gian Cavallo.*

Qualités. Grain très fin, Ciment puissant, Couleur jaune foncée, fond transparent crystallisé.

Nature. Cette agate est à peu-près la même, que la précédente, elle n'en différe, que par la nuance de la couleur principale, qui est un peu plus forte.

N.ro XXX. Nom. *Jaune opâque, avec taches & ondes rouges, de Gian Cavallo,*

Qualités. Grain médiocrément fin, dans la totalité, mais très fin dans les parties accéssoires, Couleur jaune opâque, taches & ondes rouges.

Nature. Particules Vitrifiables cimentées par l'acide marin, colorées par un dépôt solide de terre jaune ochracée dans laquelle a filtré un peu de terre rouge bollaire, & y a formé des taches, ou simplement des ondes suivant le plus, ou le moins de résistance, que cette nouvelle substance a rencontré dans les parties premiéres déjà à moitié durcies.

N.ro XXXI. Nom. *A fond blanc crystallisé, avec taches jaunes, & lignes obscures, de Gian Cavallo.*

Qualités. Grain très fin, Ciment puissant, fond blanc crystallisé, taches jaunes, lignes obscures.

Na-

Nature. Particules Vitrifiables cimentées par l'acide marin, colorées par une condensation de fluide agatisant, avec aprence de dépôt spathique. Les taches jaunes de cette agate sont le produit d'un dépôt de terre jaune ochracée, & les lignes sont comme à l'ordinaire des transsudations de dissolution de roche pourrie.

N.ro XXXII. Nom. *A fond blanc crystallisé, avec taches jaunes claires, d'Adriano.*

Qualités. Grain mêlangé, Couleur blanche à motié transparente, tache jaunes claires.

Nature. Particules Vitrifiables cimentées par l'acide marin, colorées par un dépôt de fluide agatisant, rendu nébuleux par sa condensation avec quelques particules de terre blanche argilleuse. Dans la totalité de cette agate se sont formés de petits dépôts de terre ochracée qu'ont occasionné les taches jaunes qu'on y voit.

N.ro XXXIII. Nom. *A fond transparent avec taches jaunes, & parties vertes claires, d'Adriano.*

Qualités. Grain fin, Ciment puissant, fond transparent, taches jaunes, parties vertes claires.

Nature. Particules Vitrifiables cimentées par l'acide marin, colorées par un dépôt de fluide agatisant condensé avec admission d'un peu de terre jaune ochracée, qui a formé, tantôt des dépôts considérables, tantôt de petites nuances dans la totalité. Quelque peu de dissolution végétale, mais très délayée, y a formé aussi des parties asses considérables d'une teinte verdâtre, dans laquelle on voit, que le fluide agatisant a servi de baze, & que la dissolution végétale n'a que très légérément influé sur la totalité.

N.ro XXXIV. Nom. *Jaune vive, avec fond transparent, & taches laiteuses, d'Adriano.*

Qualités. Grain très fin, Ciment très puissant, Couleur transparente dans le fond, jaune dans la teinte majeure, taches laiteuses, éparses au hazard.

Nature. Particules Vitrifiables cimentées par l'acide marin, colorées par un dépôt considérable de fluide agatisant, avec admission de terre jaune ochracée qui forme dans cette agate des

des taches très grandes, & très belles par la vivacité de la couleur. Un autre dépôt de terre blanche argilleuse y forme des taches laiteuses éblouissantes par leur blancheur.

N.ro XXXV. Nom. *A fond transparont sâle, avec taches jaunes foncées ondées de jaune clair de Saint-Stefano di Bivona.*

Qualités. Grain mêlangé, Ciment puissant, fond transparent nébuleux, taches jaunes foncées, ondes jaunes claires.

Nature. Particules Vitrifiables cimentées par l'acide marin, colorées par un dépôt de fluide agatisant condensé, rendu nébuleux par l'admission de quelques particules de terre blanche argilleuse, qui ont égalément occasioné l'affaiblissement de la teinte jaune, dans les ondes, que la transsudation de terre argilleuse blanche, à travers les taches jaunes foncées, a fait naitre.

N.ro XXXVI. Nom. *A fond transparent, & obscur, avec taches jaunes, & laiteuses, de Saint-Stefano.*

Qualités. Grain mêlangé, Ciment puissant, Couleur bigarée d'obscur, & de transparent, taches jaunes, & laiteuses,

Nature. Particules Vitrifiables cimentées par l'acide marin, colorées par un dépôt de fluide agatisant condense, sâli dans quelques parties par l'admission de quelques particules de dissolution de roche pourrie. Dans ce dépôt général se sont formés deux autres depôts de terre jaune ochracée, & de terre argilleuse blanche detrempées & condensées par leur mêlange avec le fluide agatisant.

N. o XXXVII. Nom. *A fond transparent, avec taches jaunes claires, de Saint-Stefano.*

Qualités. Grain fin, Ciment puissant, Couleur transparente dans le fond, jaune claire dans quelques parties.

Nature. Particules Vitrifiables, cimentées par l'acide marin, colorées par un dépôt de fluide agatisant condensé simplement, & par un autre dépôt de terre jaune ochracée.

N.ro XXXVIII. Nom. *A fond blanc opâque, avec taches jaunes, & teinte couleur de chair, de Saint-Stefano.*

Qualités. Grain mêlangé, Ciment puissant, Couleur blanche opâque, taches jaunes, & teinte couleur de chair.

Na-

Nature. Particules Vitrifiables cimentées par l'acide marin, Colorées par un dépôt de terre argilleuse blanche, condensée avec trés peu de fluide agatisant, ce qui cause son opâcité. Quelque peu de terre jaune ochracèe donne l'origine, aux taches jaunes qu'on voit dans cette agate, & un troisiéme dépôt composé du mêlange d'un peu de terre rouge bollaire combinée avec de la terre argilleuse blanche, forme les parties couleur de chair.

N.ro XXXIX. Nom. *A fond transparent, avec taches rouges & jaunes, & parties laiteuses, de Saint-Stefano.*

Qualités. Grain mêlangé, Ciment puissant, Couleur transparente nebuleuse dans le fond, taches rouges & jaunes, parties laiteuses.

Nature. Particules Vitrifiables cimentées par l'acide marin colorées par un dépôt de fluide agatisant condensé séparément, & pas d'autres condensations, de terre rouge bollaire, pour les taches rouges; de terre jaune ochracée, pour les taches jaunes; & de terre argilleuse blanche, pour les parties laiteuses.

N.ro XL. Nom. *Rouge pâle ondée de blance, de jaune, & de couleur de chair, de Mon Real.*

Qualités. Grain mêlangé, Ciment puissant, Couleur rouge pâle, ondes blanches; jaunes, & couleur de chair.

Nature. Particules Vitrifiables cimentées par l'acide marin, colorées par un dépôt de terre rouge bollaire dans laquelle ont transsudées des dissolutions de terre jaune ochracée, & de terre blanche argilleuse. La où cette derniére a trouvé une condensation déyâ parfaite dans les prémiérs dépôts, elle n'a fait que suinter à traver les pores, & a formé des ondes blanches; mais par tout ou le dépôt rouge bollaire conservait encore un peu d'humidité, la dissolution de terre Blanche trouvant un passage plus facile, s'est mêlangée avec toutes les particules rouges qu'elle a pû détremper, & détacher du fond, & se combinant avec, a formé une condensation couleur de chair telle que nous l'avons anoncé plus haut.

N.ro XLI. Nom. *Jaune & rouge, avec taches laitenses, de Mon Real.*

Qua-

Qualités. Grain mêlangé, Ciment puissant, Couleur jaune & rouge, taches laiteuses.

Nature. Particules Vitrifiables Cimentées par l'acide marin, Colorées par un triple dépôt jaune pour le principal; rouge, & blanc laiteux pour les accessoires, formés comme pour l'ordinaire, de terre jaune ochracée, de terre rouge bolaire, & de terre blanche argilleuse.

N.ro XLII. Nom. *Grise cendrée, avec taches blanches, de Mon Real*.

Qualités. Grain mêlangé, Ciment puissant, Couleur grise cendrée, taches blanches.

Nature. Particules Vitrifiables cimentées par l'acide marin, colorées par un dépôt de terre blanche argilleuse, mêlangée avec une dissolution végétale réduite dans l'état charboneux, & singuliérement attenuée. Au prémiér coup d'œil, voïant la teinte de cette agate, son opâcité presque générale, & les petits points noirs flottant, au hazard, dans la masse grisâtre; j'ai crû que c'était à tort qu'on classait cette substance parmis les agates, & que ce n'était qu'un produit volcanique, formé de pierre ponce, & de schorles triturés ensemble, mêlangés, & condensés par un fluide quelconque, comme cela arrive communément dans les tufs volcaniques. Mais une analise secondaire m'a fait reconaitre que cette teinte grisâtre n'etait due, comme je l'ai dit cy dessus, qu'à un mêlange de dissolution végétale reduite dans l'état charboneux, avec de la terre argilleuse blanche. Les taches de cette couleur qn'on voit éparses au hazard, sont des dépôts de cette même terre condensée séparement.

N.ro XLIII. Nom. *Blanche opâque, avec taches blanches sâles, & d'autres noires, de Monreal*.

Qualités. Grain fin, Ciment puissant, Couleur blanche éclatante avec des taches d'un blanc moins vif, & des parties noires.

Nature. Particules Vitrifiables cimentées par l'acide marin, colorées par un dépôt de terre blanche argilleuse, condensée par le moien du flluide agatisant. Cette même terre mais un peu sédimenteuse forme le taches blanches, & une disso-

dissolution végétale réduite dans l'état charboneux formant des dépôts dans cette agate, occasionne les tâches noires qu'on y voit.

N.ro XLIV. Nom. *Rouge claire transparente, avec taches jaunes vives, de Mon-Real.*

Qualités. Grain fin, Ciment puissant, Couleur rouge claire, taches jaunes.

Nature. Particules Vitrifiables cimentées par l'acide marin, colorées par un dépôt de terre roüge bollaire très haute en teinte, délaiée fortement par le fluide agatisant, ce qui cause sa transparence. Un autre dépôt de terre jaune ochracée forme les taches de cette couleur qu'on voit daus cette agate.

N.ro XLV. Nom. *Jaune claire tuansparente, avec taches blanches, de Misilmeri.*

Qualités. Grain fin, Ciment puissant, Couleur jaune claire, taches blanches.

Nature. Particules Vitrifiables cimentées par l'acide marin, colorées par un dépôt de terre jaune ochracée fortement délaïée par le fluide agatisant, qui rend cette substance transparente, même dans son état de condensation. Un peu de terre argilleuse blanche à coté du dépôt général forme des petits dépôt particuliers.

N.ro XLVI. Nom. *Blanche sâle, avec taches blanches claires, & parties jaunes, de Misilmeri.*

Qualités. Grain fin, Ciment puissant, Couleur blanche sâle, taches blanches claires, parties jaunes.

Nature. Particules Vitrifiables cimentées par l'acide marin, colorées par trois dépôts; l'un de terre blanche argilleuse sédimenteuse, pour la couleur blanche sâle; l'autre de terre blanche pure, pour les taches blanches éclatantes, le dérnier enfin de terre jaune ochracée, pour les parties jaunes.

N.ro XLVII. Nom. *Blanche sâle, avec taches rouges claires & d'autres cristallisées, de Misilmeri.*

Qualités. Grain mêlangé, Ciment puissant, Couleur blanche sâle, taches rouges claires, parties crystallisées.

Nature. Particules Vitrifiables cimentées par l'acide marin,

rin, colorées par un dépôt de terre blanche argilleuse, un autre de terre rouge bollaire, & une condensation de fluide agatisant très épuré, & tendant à la crystallisation.

N.ro XLVIII. Nom. *Jaune, avec des taches & des ondes couleur de chair, de Misilmeri.*

Qualités. Grain mêlangé, Ciment puissant, Couleur jaune, taches & ondes Couleur de chair.

Nature. Particules Vitrifiables cimentées par l'acide marin, colorées par un dépôt primitif de terre jaune ochracée, dans lequel a transsudé un mêlange de terre argilleuse blanche, & de terre rouge bollaire.

N.ro XLIX. Nom. *Verte foncée avec taches crystallisées, & d'autres jaunes, de Misilmeri.*

Qualités. Grain mêlangé, Ciment puissant, Couleur verte foncée taches crystallisées, & d'autres jaunes.

Nature. Particules Vitrifiables cimentées par l'acide marin, colorées par un dépòt de dissolution végétale, dans un état de fermentation un peu avancé. Les taches crystallisées qu'on voit dans cette agate sont des émanations de fluide agatisant du fond de la dissolution végétale, & condensé séparement dans un état de pureté absolû. L'odeur empyreumatique que j'ai obtenu pour résultat de la conflagration de la partie jaune de cette agate, me fait croire que ce n'est point la terre ochracée jaune qui concourt à la colorisation des taches de cette teinte, mais seulement une dissolution végétale dans le dernier état de fermentation précisément avant l'état charbonneux.

N.ro L. Nom. *Transparente laiteuse, avec taches jaunes claires, de Misilmeri.*

Qualités. Grain mêlangé, Ciment puissant, Couleur laiteuse, taches jaunes claires.

Nature. Particules Vitrifiables cimentées par l'acide marin, colorées par une terre argilleuse blanche condensée, avec surabondance de fluide agatisant, & formant une substance laiteuse, dans quelques parties de cette agate: cette même terre argilleuse a affaibli par sa presence la teinte d'un dépôt secondaire de terre jaune ochracée, & a formé des taches jaunes.

N.ro LI. Nom. *Verte obscure, avec taches blanches crystallisées, d'Adragno.*

Quali-

Qualités. Grain mêlangé, Ciment puiſſant, Couleur verte foncée, taches cryſtalliſées.

Nature. Particules Vitrifiables cimentées par l'acide marin, colorées par une diſſolution végétale dans une état de fermentation un peu avancé; & un dépôt de fluide agatiſant dans quelques parties, combiné avec un peu de tere argilleuſe blanche, & dans d'autres condenſé ſéparément, avec tendance à la cryſtalliſation.

N.ro LII. Nom. *Jaune, avec taches tranſparentes, & lignes ondoyantes obſcures, d'Adragno.*

Qualités. Grain fin, Ciment puiſſant, Couleur jaune, parties tranſparentes lignes ondoyantes obſcures.

Nature. Particules Vitrifiables cimentées par l'acide marin, colorées par un dépôt de terre ochracée, & un autre dépôt de fluide agatiſant, condenſé ſéparément, au travers duquel a tranſſudé un peu de diſſolution de roche pourrie.

N.ro LIII. Nom. *Jaune, avec taches tranſparentes ondées de jaune obſcur, d'Adragno.*

Qualités. Grain fin, Ciment puiſſant, Couleur jaune, parties tranſparentes, ondes jaunes obſcures.

Nature. Particules Vitrifiables cimentées par l'acide marin, colorées par un dépôt de terre jaune ochracée, & un autre de fluide agatiſant condenſé, avec tranſſudation de diſſolution ochracée un peu foncée.

N.ro LIV. Nom. *Jaune, avec parties cryſtalliſées, & d'autres ſédimenteuſes, d'Adragno.*

Qualités. Grain fin, Ciment puiſſant, Couleur jaune, parties cryſtalliſées, taches ſédimenteuſes.

Nature. Particules Vitrifiables cimentées par l'acide marin, colorées par un dépôt de terre jaune ochracée, & un autre de fluide agatiſant, condenſé avec tendance très viſible à la cryſtalliſation. Les taches ſédimenteuſes qu'on voit dans cette agate ont été formées par la ſéparation des particules plus fines, qui ont concourru à l'agatiſation générale; d'avec les plus groſſiéres, dont la condenſation a fait naître, & a conſervé des dépôts.

N.ro LV. Nom. *Verte & jaune, avec parties cryſtalliſées, d'Adragno.*

 Quali-

Qualités. Grain très fin par intervalle, Ciment puiſſant, Couleur verre mêlangée de jaune, parties cryſtalliſées.

Nature. Particules Vitrifiables cimentées par l'acide marin, colorées par un dépôt de diſſolution végétale, dans laquelle a tranſſudé un peu de diſſolution de terre jaune ochracée. Le fluide agatiſant, apparemment ſurabondant dans cette agate, par une condenſation particuliere a formé des dépôt d'une tranſparence nébuleuſe.

N.ro LVI. Nom. *A fond obſcur tranſparent, avec taches blanches ſâles, & parties jaunes ſâles, de Sainte Criſtine.*

Qualités. Grain mêlangé, Ciment puiſſant, Couleur obſcure quoique tranſparente, taches blanches, jaunes & ſâles.

Nature. Particules Vitrifiables cimentées par l'acide marin, colorées par un dépôt de diſſolution de roche pourrie, mais très délayée par le fluide agatiſant qui a, pour ainſi dire, interrompu ſon opâcité naturelle, & lui a procuré une tranſparence louche: l'abondance de cette diſſolution de roche pourrie a influé ſur la teinte de deux autres dépôts de Nature differente, qui ont également concourru à la formation de cette agate & ont produit deux nuances dans les taches, l'une jaune ſâle, l'autre blanche un peu ternie.

N.ro LVII. Nom. *A fond tranſparent Cryſtalliſé, avec taches blanches lizérées de brun, & taches jaunes, de Sainte Criſtine.*

Qualités. Grain très mêlangé, Ciment puiſſant, fond tranſparent, taches blanches & jaunes, liziéres brunes.

Nature. Particules Vitrifiables cimentées par l'acide marin, colorées par un dépôt de fluide agatiſant, ſéparément condenſé qui fait le fond de l'agate. Deux autres dépôts de terre blanche argilleuſe, & de terre jaune ochracée forment les taches de ces deux couleurs qui bigarrent cette ſubſtance; un peu d'infiltration de diſſolution de roche pourrie, occaſionne les liziéres brunes qu'on voit à l'entour de la plus part de ces taches.

N.roLVIII. Nom. *Blanche à petits points noirs, de Sainte Criſtine.*

Qualités. Grain mêlangé, Ciment puiſſant, Couleur blanche, petits points noirs flottans dans l'immenſité.

Nature. Particules Vitrifiables cimentées par l'acide marin,

rin, colorées par un dépôt considérable de terre blanche argilleuse, condensée avec très peu de fluide agatisant; les petits points noirs qu'on voit dans cette agate sont dues à un dépôt secondaire de dissolution végétale réduite dans l'état charboneux.

N.ro LIX. Nom. *A fond gris, avec taches laiteuses à ondes, de Sainte Cristine.*

Qualités. Grain fin, Ciment puissant, Couleur grise, taches laiteuses ondées.

Nature. Particules Vitrifiables cimentées par l'acide marin, colorées par un dépôt considérable de terre argilleuse blanche, dans laquelle on aperçoit plusieurs Phénoménes émanans des degrès differens de sa condensation, & des circonstances qui y ont concurru. Le mélange de la terre argilleuse avec un peu de dissolution végétale réduite dans l'état charboneux, produit, comme nous l'avons dit tant de fois, une teinte grisâtre. La même terre condensée dans un état de repos avec le fluide agatisant offre un tissû laiteux; & une simple dissolution de cette terre délayée avec surabondance par le fluide agatisant, presente à l'œil du Naturaliste des ondes très agrèables par leur sinuosités.

N.ro LX. Nom. *Verte obscure, avec taches blanches transparentes, de Caltabuturo.*

Qualités. Grain très fin, Ciment puissant, Couleur verte foncée, taches blanches avec transparence.

Nature. Particules Vitrifiables cimentées par l'acide marin; colorées par un dépôt de dissolution végétale un peu fermentée avec un autre dépôt de fluide agatisant combiné, & condensé avec un peu de terre argilleuse blanche.

N.ro LXI. Nom. *A fond transparent, avec taches jaunes, & laiteuses, de Caltabuturo.*

Qualités. Grain mêlangé, Ciment puissant, Couleur transparente dans le fond, taches jaunes, & laiteuses.

Nature. Particules Vitrifiables cimentées par l'acide marin, colorées par un dépôt considérable de fluide agatisant, dans lequel se sont formés d'autres dépôts particuliers de terre jaune ochracée, & de terre argilleuse blanche condensée avec un peu de fluide agatisant.

N.ro LXII.

N.ro LXII. Nom. *A fond transparent cryſtalliſé, avec taches blanches opâques, & d'autres jaunes, de Caltabaturo.*

Qualités. Grain fin, Ciment puiſſant, fond tranſparent, taches blanches opâques, & jaunes.

Nature. Particules Vitrifiables Cimentés par l'acide marin, Colorées par un dépôt de fluide agatiſant, tantôt condenſé ſéparément avec tendance à la cryſtalliſation, tantôt combiné avec la terre argilleuſe blanche, cependant avec ſurabondance de cette derniére. On voit dans cette agate un troiſiéme dépôt encore de terre ochracée jaune, formant les taches de cette couleur.

N.ro LXIII. Nom. *A fond transparent, avec parties ſpâtiques, & taches jaunes & rouges, de Caltabuturo.*

Qualités. Grain mêlangé, Ciment puiſſant, fond tranſparent, parties ſpâtiques, taches jaunes, & rouges.

Nature. Particules Vitrifiables cimentées par l'acide marin, colorées par un dépôt de fluide agatiſant, tranſparent dans certaines parties, & louche dans d'autres. J'ai crû que cette différence provenait de l'admiſſion d'un peu de terre argilleuſe blanche, mais j'ai reconnu à la ſuite de pluſieurs analiſes réiterées, que ce n'était que l'arrangement des parties dans la condenſation qui, par la réfraction, plus, ou moins grande des faiſceaux lumineux, produiſait ce double effect: j'ai oſé appeller cette cryſtalliſation du nom de ſpâtique, mais je crois néceſſaire d'avertir le Lecteur, que cette ſubſtance n'a que l'apparence, de ce que nous appellons, ſpâth: & n'en a aucune des propriétés. Les taches jaunes, & rouges de cette agate, doivent leur formation, comme à l'ordinaire, à un double dépôt, fait en différent tems, de terre ochracée jaune, & de terre rouge bollaire.

N.ro LXIV. Nom. *A fond transparent ſpâtique, avec taches jaunes vives, de Selinunte.*

Qualités. Grain mêlangé, Ciment puiſſant, fond tranſparent ſpâtique, taches jaunes vives.

Nature. Particules Vitrifiables cimentées par l'acide marin, colorées par un dépôt de fluide agatiſant de la Nature du précedent, avec taches jaunes vives, formées par un autre dépôt de terre jaune ochracée un peu haute en couleur.

N.ro LXV. *Verdâtre transparente, avec parties spâtiques, & taches jaunes, des Bains de Cefalu.*

Qualités. Grain mêlangé, Ciment puissant, Couleur verdâtre transparente, parties spâtiques, taches jaunes.

Nature. Particules Vitrifiables cimentées par l'acide marin, colorées par un dépôt de dissolution végétale, très délayée par le fluide agatisant, qui dans certaines parties a formé des dépôts semblables à la Nature de celui du numero 63. un peu de terre ochracée jaune a formé dans cette agate quelques petites taches de cette couleur.

N.ro LXVI. Nom. *Ondée de jaune & rouge, des Bains de Cefalu.*

Qualités. Grain délicat quoique mêlangé, ciment puissant, Couleur rouge & jaune, tantôt décidée, tantôt nuancée.

Nature. Particules Vitrifiables cimentées par l'acide marin, colorées par un double dépôt de terre rouge bollaire, & de terre jaune ochracée. C'est à cette agate, une de plus singuliéres que j'aie jamais vû, que je dois la connaissance de la formation des ondes qui embéllissent la plus part des agates. La Nature parle dans cette substance, d'une maniére si claire, qu'il est aisé au Naturaliste de découvrir les motifs d'une marche bizarre en apparence au premiér coup d'œil. On voit les ondes rouges, & jaunes toujours paralléles, là ou les couleurs sont décidées; & remplies de sinuosités, & d'irregularités; là, au contraire, ou les nuances s'étéignent, & se pérdent, pour ainsi dire, dans des sémi-teintes qui les confondent ensemble. Cela ne peut que faire connaître que ces ondes doivent leur origine au mêlange immédiat des dépôts de deux couleurs, dans l'état de transsudation, à travers un fluide agatisant à motié condensé.

N.ro LXVII. Nom. *A fond de couleur obscure quoique transparent, avec parties spâtiques, & taches jaunes claires, des Bains de Cefalu.*

Qualités. Grain mêlangé, Ciment puissant, fond de Couleur obscure avec transparence, parties spâtiques, & taches jaunes claires.

Nature. Particules Vitrifiables cimentées par l'acide marin, colorées par un dépôt de fluide agatisant, condensé avec admis-

admiſſon d'un peu de diſſolution de roche pourrie, qui eu a ſâli la teinte; Dans certaines parties, le fluide agatiſant épuré a formé des dépôts ſemblables à ceux du numerô 63., & dans d'autres s'uniſſant à une terre jaune ochracée, il a formé des taches de cette couleur, mais un peu claires.

N.ro LXVIII. Nom. *A fond vérdâtre tranſparent, avec parties diaphanes, & taches jaunes, des Bains de Ceſalû.*

Qualités. Grain mêlangé, Ciment puiſſant, Couleur verdâtre tranſparente, parties diaphanes, taches jaunes.

Nature. Particules Vitrifiables cimentées par l'acide marin, colorées par un dépôt de diſſolution végétele un peu delayée par le fluide agatiſant, qui, dans certaines parties s'eſt condenſé ſéparément. Un autre dépôt de terre ochracée jaune a formé dans cette agate des taches de cette couleur.

N.ro LXIX. Nom. *A fond tranſparent, avec taches blanches ſâles, & d'autres d'un jaune vif, des Bains de Ceſalû.*

Qualités. Grain mêlangé, Ciment puiſſant, fond tranſparent, taches blanches ſâles, & jaunes vives.

Nature. Particules Vitrifiables cimentées par l'acide marin, colorées par un dépôt de fluide agatiſant, condenſé ſéparemént, dans lequel ſe ſont formé des dépôts de terre argilleuſe blanche un peu ſédimenteuſe, & de terre ochracée jaune très haute en couleur.

N.ro LXX. Nom. *A fond jaune obſcur, avec taches jaunes claires, de Goliſano.*

Qualités. Grain mêlangé, Ciment puiſſant, fond jaune obſcur, taches jaunes claires.

Nature. Particules Vitrifiables cimentées par l'acide marin, colorées par un dépôt de terre jaune ochracée d'une teinte très foncée en général, mais quelque fois avivée par la préſence du fluide agatiſant avec lequel elle a été délayée.

N.ro LXXI. Nom. *A fond couleur de chair un peu rougeâtre, tâcheté de noir, de Goliſano.*

Qualités. Grain mêlangé, Ciment puiſſant, fond Couleur de chair, taches noires.

Nature. Particules Vitrifiables cimentées par l'acide marin, colorées par un dépôt de terre rouge bollaire affaiblie

dans

dans sa teinte par le mêlange d'un peu de terre argilleuse blanche. Quelques particules de dissolution végétale, réduite dans l'état charboneux, admises dans cette agate, ont formé les taches noires qu'on y voit.

N.ro LXXII. Nom. *A fond de couleur de tabac d'Espagne, avec taches blanches sâles, & parties laiteuses jaunâtres, de Taormina.*

Qualités. Grain mêlangé, Ciment puissant, Couleur jaune sombre, taches blanches sâles, parties laiteuses jaunâtres.

Nature. Particules Vitrifiables cimentées par l'acide marin, colorées par nn dépôt de dissolution de roche pourrie, affaiblie dans sa teinte par son alliage avec un peu de terre argilleuse blanche, qui dans le Voisinage a formé des dépôts un peu sédimenteux de cette couleur; & d'autres laiteux jaunâtres, participant de la substance qui a colorée le fond.

N.ro LXXIII. Nom. *A fond gris, avec taches rouges, & parties Crystallisées, de Taormina.*

Qualités. Grain fin par intervalle, Ciment puissant, Couleur grise, taches rouges, parties Crystallisées.

Nature. Particules Vitrifiables cimentées par l'acide marin, colorées par un mêlange de terre argilleuse blanche, & de dissolution végetale réduite dans l'état charboneux. On voit dans cette agate deux autres dépôts encore; l'un de terre bollaire rouge, dans les taches de cette couleur, l'autre de fluide agatisant epuré, & tendant à une Crystallisation réguliére, dans les parties Crystallisées.

N.ro LXXIV. Nom. *A fond Gris, avec taches jaunes, & noires, de Taormina.*

Qualités. Grain mêlangé, Ciment puissant, fond gris, taches jaunes, & noires.

Nature. Cette agate a un fond de même natûre, que la précédente, elle n'en diffère que par les accessoires qui sont, l'un de terre ochracée jaune, pour les taches de cette couleur, l'autre de dissolution végétale réduite dans l'état charboneux, pour les noires.

N.ro LXXV. Nom. *A fond transparent obscur, avec taches d'un jaune vif, & petites taches laiteuses, de Traina.*

Qualités. Grain mêlangé, Ciment puiſſant, fond tranſparent, quoique un peu obſcur, taches jaunes, & autres laiteuſes.

Nature. Particules Vitrifiables cimentées par l'acide marin, coloreés par un dépôt de fluide agatiſant, dont la tranſparence a êté un peu intercéptée par l'admiſſion d'un peu de terre jaune ochracée, qui dans le voiſinage a formé quelque dépôt. On y voit auſſi quelques particules de terre argilleuſe blanche, unies & condenſées avec un peu de fluide agatiſant, former des parties laiteuſes.

N.ro LXXVI. Nom. *A fond obſcur, avec taches à ondes laiteuſes, & d'autres ſpâtiques, de Traina.*

Qualités. Grain mêlangé, Ciment puiſſant, fond obſcur, taches laiteuſes ondées, & d'autres ſpâtiques.

Nature. Particules Vitrifiables cimentées par l'acide marin, colorées par une diſſolution de roche pourrie, dans la maſſe de laquelle a tranſſudé un peu de terre argilleuſe blanche délayée par le fluide agatiſant, qui dans le voiſinage a formé des dépôts ſpâtiques de la nature de celui que j'ai décrit au numero 63.

N.ro LXXVII. Nom. *Verte claire, avec taches vertes ſâles, & d'autres d'un jaune clair, de Traina.*

Qualités: Grain mêlangé, Ciment puiſſant, Couleur verte claire, taches vertes ſâles, & jaunes claires.

Nature: Particules Vitrifiables cimentées par l'acide marin, colorées par une diſſolution végétale très peu fermentée. Les taches vertes ſâles de cette agate ne ſont autre choſe, ſinon la ſéparation des parties ſédimenteuſes d'avec les plus épurées. Les jaunes ſont le produit d'un dépôt de terre jaune ochracée admiſe & unie avec cette ſubſtance avant ſa parfaitte condenſation.

N.ro LXXVIII. Nom. *Verte obſcure, avec taches ſpâtiques, du fleuve Chiappante.*

Qualités. Grain fin, Ciment puiſſant, Couleur verte foncée, taches ſpâtiques.

Nature. Particules Vitrifiables cimentées par l'acide marin, colorées par une diſſolution végétale dans un état de fermenmentation un peu avancé. Les taches ſpâtiques de cette agate ſont de la Nature de celles que j'ai décrites ſous le nom de ſpâth cy-deſſus.

N.ro LXXIX. Nom. *A fond tranſparent ſpâtique, avec taches d'une jaune vif, du fleuve Chiappante.*

Qualités. Grain fin, Ciment puiſſant, fond tranſparent ſpâtique, taches jaunes.

Nature. Particules Vitrifiables cimentées par l'acide marin, colorées par un dépôt de fluide agatiſant condenſé, avec l'apparence ſpâtique, mais cependent un peu tranſparent ; & par un autre dépôt de terre ochracée jaune, à qui ſont dues les taches de cette agate.

N.ro LXXX. Nom. *Verte obſcure, avec taches vertes claires, du fleuve Chiappante.*

Qualités. Grain fin, Ciment puiſſant, Couleur verte obſcure, taches vertes claires.

Nature. Particules Vitrifiables cimentées par l'acide marin, colorées par une diſſolution végétale dans un état de fermentation un peu avancé. Les taches de cette agate ont également été produites par une diſſolution végétale, mais moins fermentée.

Nro LXXXI. Nom. *Jaune ſâle, avec taches vertes obſcures, de Candita.*

Qualités. Grain mêlangé, Ciment puiſſant, Couleur jaune ſâle, taches vertes obſcures.

Nature. Particules Vitrifiables cimentées par l'acide marin, colorées par un dépot de terre jaune ochracée un peu ſédimenteuſe, & de diſſolution végetale dans un état de fermentation aſſés avancé.

N.ro LXXXII. Nom. *Verte obſcure, avec taches blanches opâques, & parties ſpâtiques, du fleuve Acis.*

Qualités. Grain mêlangé, Ciment puiſſant, Couleur verte foncée, taches blanches, parties ſpâtiques.

Nature. Particules Vitrifiables cimentées par l'acide marin, colorées par une dépoſition de diſſolution végétale un peu fermentée. Un peu de terre blanche argilleuſe, faiblement délayée par le fluide agatiſant, a produit dans cette agate des taches blanches opâques, entre les quelles ſe trouvent des parties

P 2 entié-

entiéres de la Nature du ſpath, que nous avons décrit au numero 63.

N.ro LXXXIII. Nom. *Verte obſcure, avec taches jaunes, & parties de couleur de Calcedoine, des environs de Palerme.*

Qualités. Grain fin par intérvalle, Ciment puiſſant, Couleur verte foncée, taches jaunes, parties Couleur de Calcedoine.

Nature. Particules Vitrifiables cimentées par l'acide marin, colorées par un dépôt conſidérable de diſſolution végétale un peu fermentée, dans lequel ſe ſont formé d'autres petits dépôts de terre ochracée jaune. Les parties louchement tranſparentes qu'on voit dans cette agate, & qui jouent aſſés bien l'œil de la Calcedoine, ſont dues à une condenſation de fluide agatiſant, avec admiſſion d'un peu de terre argilleuſe blanche, dont l'opâcité briſe le faiſceaux lumineux, & occaſionne cette eſpéce de diaphanéïte nebuleuſe qui carractériſe cette ſubſtance.

N.ro LXXXIV. Nom. *Jaune vive, avec taches blanches ſâles, & d'autres rouges, des environs de Palerme.*

Qualités. Grain mélangé, Ciment puiſſant, Couleur jaune, taches blanches & rouges.

Nature. Particules Vitrifiables cimentées par l'acide marin, colorées par un dépôt de terre jaune ochracée très vigoureuſe en téinte, un autre de terre argilleuſe blanche un peu ſâle, & un troiſiéme de terre rouge bollaire.

N.ro LXXXV. Nom. *Jaune vive, avec taches blanches opâques ondées de couleur de chair, des environs de Palerme.*

Qualités. Grain mêlangé, Ciment puiſſant, Couleur jaune vive, taches blanches opâques, ondes couleur de chair.

Nature. Particules Vitrifiables cimentées par l'acide marin, colorées par un dépôt de terre jaune ochracée comme la précédente, avec la différence, que la terre argilleuſe blanche faiſant les accéſſoirs, eſt plus pure, & eſt fortement condenſée avec le fluide agatiſant; & que la terre bollaire rouge au lieu de faire des dépôts ſéparés, n'a pu que tranſſuder ſeulement au travers de la terre blanche à motié condenſée, & par ce moïén a formé des ondes couleur de chair.

N.ro LXXXVI. Nom. *A fond ſpâtique, avec taches jaunes claires, & rouges, du Territoire de Miſagno.*

Qua-

Qualités. Grain mêlangé, Ciment très puiſſant, fond ſpâtique, taches jaunes, & rouges.

Nature. Particules Vitrifiables cimentées par l'acide marin, colorées par deux dépôts, l'un de terre jaune ochracée, l'autre de terre rouge bollaire, formant les taches acceſſoires de cette agate. Une condenſation ſpâtique de la Nature de celle du numero 63. en forme le fond en général.

N.^{to} LXXXVII. Nom. *Jaune obſcure, avec taches jaunes claires, & ſtries obſcures, du Territoire de Miſagno.*

Qualités. Grain mêlangé, Ciment puiſſant, Couleur jaune obſcure, taches jaunes claires, ſtries obſcures.

Nature. Particules Vitrifiables cimentées par l'acide marin, colorées par un dépôt de terre jaune ochracée, tantôt plus faible, & tantôt plus fort en teinte. A travers la maſſe générale a tranſſudé un peu de diſſolution de roche pourrie, qui a occaſionné les ſtries obſcures qu'on voit dans cette agate.

N.^{to} LXXXVIII. Nom. *Jaune claire, avec lignes tranſparentes, & taches jaunes opâques, de la Moarda.*

Qualités. Grain fin, Ciment puiſſant, Couleur jaune claire, lignes tranſparentes, taches jaunes opâques.

Nature. Particules Vitrifiables Cimentées par l'acide marin, colorées par un dépôt de terre jaune ochracée un peu faible en teinte, dans la maſſe delaquelle a tranſſudé un pen de fluide agatiſant condenſé ſéparément dans un grand état de pureté. Les taches jaunes opâques, qu'on voit dans cette agate ne ſont qu'une condenſation de la même terre jaune ochracée rendue opâque par la ſurabondance, & le rapprochement ſtrict des parties terreſtres.

N.^{to} LXXXIX. Nom. *A fond verdâtre clair, avec taches jaunes claires, & d'autres de couleur de Calcedoine, de la Moarda.*

Qualités. Grain mêlangé, Ciment puiſſant, fond verdâtre, taches jaunes, parties Couleur de Calcedoine.

Nature. Particules Vitrifiables cimentées par l'acide marin, colorées par un dépôt de diſſolution végétale peu fermentée, & très délayée par le fluide agatiſant. Un peu de terre argilleuſe jaune égalément délayée par le même fluide, forme dans cette agate des taches de cette couleur; mais très faibles en en teinte : les parties de couleur de Calcedoine qu'on voit dans cette agate sont de la Nature de celles que nous avons d'ecrites au numero 83.

N.ro XC. Nom. *A fond transparent, avec taches jaunes pâles lizerées de Rouge clair; de la vallée del Bosco.*

Qualités. Grain mêlangé, Ciment puissant, Couleur transparente en général, avec taches jaunes pâles, lizerées de rouge clair.

Nature. Particules Vitrifiables cimentées par l'acide marin, colorées par un dépôt de fluide agatisant, condensé séparément dans un état de pureté. Dans cette masse on reconnait deux dépôts, l'un de terre jaune ochracée formant des taches asses pâles de cette couleur, un autre de terre bollaire rouge un peu délayée par le fluide agatisant, formant des liziéres très fines à l'entour des taches jaunes.

Nro XCI. Nom. *A fond transparent spâtique, avec taches jaunes claires, & parties couleur de Calcedoine; du Territoire de Mon Real.*

Qualités. Grain très fin, Ciment très puissant fond transparent spâtique, taches jaunes, parties Couleur de Calcedoine,

Nature. Particules Vitrifiables Cimentées par l'acide marin, colorées par un dépôt de fluide agatisant, formant une condensation semblable à celle dont nous avons parlé au numero 63., Le même fluide condensé avec admission de terre argilleuse blanche, forme dans cette agate des parties très considérables dont l' œil joue assez bien la couleur naturelle de la Calcedoine. On voit aussi dans la même agate des petits dépôts jaunâtres formés par l' admission d' un peu de terre ochracée jaune.

N.ro XCII. Nom. *A fond transparent obscur, taches jaunes lizérées de diaphane, du Territoire de Mon Real.*

Qualités. Grain fin, Ciment puissant, fond transparent obscur, taches jaunes, liziéres diaphanes.

Nature. Particules Vitrifiables, Cimentées par l'acide marin, colorées per un dépôt de fluide agatisant, condensé séparément, mais sâli un peu dans sa transparence par l'admission

ſion d'un peu de terre jaune ochracée, qui a formé dans le voiſinage des taches de cette Couleur. Là où le mêlange de la terre ochracée n'a point eû lieu, le fluide agatiſant s'eſt condenſé de la maniére la plus pure. Mais l'on voit par la configuration de cette condenſation, qu'elle a dû être ſecondaire, ou bien que c'eſt ſimplement une ſéparation de la partie terréſtre de la terre ochracée, qui a fait des dépôts ſéparés, & que c'eſt là l'origine des taches jaunes qui contournent ces liziéres.

N.ro XCIII. Nom. *A fond tranſparent obſcur, avec taches jaunes claires, & autres couleur de Calcedoine; De la montagne de Rebottone prés de Palérme.*

Qualités. Grain mêlangé, Ciment puiſſant, fond tranſparent obſcur, taches jaunes claires, & d'autres couleur de Calcedoine.

Nature. Particules Vitrifiables cimentées par l'acide marin, colorées par un dépôt ſemblable en tout à celui qui a coloré le precédent. Cette agate n'en diffère même que, par la condenſation de couleur de Calcedoine qui l'a bigaré. Cette condenſation eſt, comme nous l'avons déjà dit plus d'une fois, de la Nature de celle que nous avons décrite au nnmero 83.

N.ro XCIV. Nom. *Blanche opâque ſâle ondée de noire; de la Montagne de Rebottone.*

Qualités. Grain mêlangé; Ciment puiſſant, Couleur blanche opâque ſâle, ondes noires.

Nature. Particules Vitrifiables cimentées par l'acide marin, colorées par un dépôt conſidérable de terre argilleuſe Blanche, renduc opâque par la ſurabondance, & le déffaut de fluide agatiſant; & ſâlie par l'infiltration d'une diſſolution végétale réduite dans l'état charboneux, qui a paſſé au travers des porres de cette maſſe, & a formé les ondes noires, qu'on voit dans cette agate.

N.ro XCV. Nom. *A fond tranſparent, avec taches jaunes vives lizerées de rouge, de la Plaine de Magli.*

Qualités. Grain mêlangé, Ciment puiſſant, fond tranſparent, taches jaunes, liziéres rouges.

Natu-

Nature. Particules Vitrifiables, cimentées par l'acide marin, colorées par un dépôt de fluide agatisant condensé séparement; par un dépôt de terre jaune ochracée. & par une transsudation de terre rouge bollaire.

N.ro XCVI. Nom. *Blanchâtre opâque, avec taches blanches laiteuses de la Plaine de Magli*.

Qualités. Grain fin, Ciment puissant, Couleur blanchâtre, taches laiteuses.

Nature. Particules Vitrifiables, cimentées par l'acide marin, colorées par un dépôt de terre blanche argilleuse unie à très peu de fluide agatisant. Là où ce fluide se trouve en surabondance, les particules terrestres aquiérent une teinte blanche, & un velouté plus éclatant, comme on le voit dans les râches laiteuses de cette agate; & le contraire dans l'opâcité de son fond.

N.ro XCVII. Nom. *A fond transparent, avec parties spâtiques, taches rouges, & parties jaunes, du Fief de Zafuti*.

Qualités. Grain très mêlangé, Ciment puissant, fond transparent, parties spâtiques, taches rouges, & jaunes.

Nature. Particules Vitrifiables, cimentées par l'acide marin, colorées par un dépôt de fluide agatisant séparément condensé. Dans cette condensation générale se trouvent des parties de la Nature du spâth décrit au numero 63. Un double dépôt de terre bollaire rouge, & de terre ochracée jaune forme les taches accessoires de cette agate.

N.ro XCVIII. Nom. *Blanche sâle opâque, avec taches jaunes claires, & parties tachetées de noir, de Zafuti*.

Qualités. Grain mêlangé, Ciment puissant, Couleur blanche sâle opâque, taches jaunes claires, parties noires.

Nature. Particules Vitrifiables cimentées par l'acide marin, colorées par un dépôt sédimenteux, & très terreux de terre argilleuse blanche, dans la masse générale delaquelle se sont formé des petits dépôts de terre ochracée jaune, & de dissolution végétale réduite dans l'état charboneux.

N.ro XCIX. Nom. *Jaune claire sâle, avec petites taches blanches sâles, & parties transparentes obscures, de Misilcannone*.

Qua-

Qualités. Grain mêlangé, Ciment puiſſant, Couleur jaune, taches blanches, parties tranſparentes.

Nature. Particules Vitrifiables Cimentées par l'acide marin, colorées par un dépôt de terre jaune ochracée un peu ſédimenteuſe, & faible en teinte. L'admiſſion d'un dépôt ſecondaire de terre argilleuſe blanche, a produit des taches de cette couleur, tout de même que la condenſation d'un fluide agatiſant mêlangé de quelques particules terreſtres a fait naître dans cette agate des parties d'une tranſparence louche, & même un peu obſcure.

N.ro C. Nom. *A fond blanc ſédimenteux, avec taches jaunes claires, & quelques unes lizerées de rouge, de Miſilcannone*.

Qualités. Grain mêlangé, Ciment puiſſant, fond ſédimenteux, taches jaunes, liziéres rouges.

Nature. Particules Vitrifiables cimentées par l'acide marin, colorées par un dépôt de terre blanche argilleuſe un peu ſédimenteuſe. Dans ce dépôt général flottent d'autres dépôts acceſſoires de terre jaune ochracée, & de tranſſudation de terre rouge bollaire.

N.ro CI. Nom. *A fond tranſparent, avec taches jaunes vives lizerées de blanc, de la Vallée de' i Canelli*.

Qualités. Grain mêlangé, Ciment puiſſant, fond tranſparent, taches jaunes, liziéres blanches.

Nature. Particules Vitrifiables cimentées par l'acide marin, colorées par un dépôt de fluide agatiſant condenſé dans un très grand état de pureté, & par deux autres dépôts, l'un de terre ochracée jaune, & l'autre de terre argilleuſe blanche.

N.ro CII. Nom. *Tachetée de petites taches jaunes, & rouges, la plus part lizerées d'une cryſtalliſation tranſparente, de la Vallée de' i Canelli*.

Qualités. Grain mêlangé, Ciment puiſſant, fond tacheté de rouge, & de jaune, liziéres tranſparentes.

Nature. Particules Vitrifiables cimentées par l'acide marin, colorées par un double dépôt de terre jaune ochracée, & de terre rouge bollaire, ſéparément délayée par le fluide agatiſant. Là ou ce fluide s'eſt ſéparé des parties terreſtres, ſe ſont formées des parties tranſparentes qui, trouvant les premiers dépôts condensés, ont formé des dépôts extérieurs en forme de liziéres.

N.ro CIII. Nom. *Jaune sâle, avec taches blanches sâles, du fleuve Lato.*

Qualités. Grain mêlangé, Ciment puissant, Couleur jaune sâle, taches blanches sâles.

Nature. Particules Vitrifiables cimentées par l'acide marin, colorées par un dépôt de terre jaune ochracée un peu sédimenteux, dans le voisinage duquel se sont formés d'autres dépôts de terre blanche argilleuse également sédimenteuse.

N.ro CIV. Nom. *Grisâtre, avec petites taches blanches, & parties jaunes sâles, du fleuve Lato.*

Qualités. Grain mêlangé, Ciment puissant, Couleur grisâtre, taches blanches, parties jaunes sâles.

Nature. Particules Vitrifiables cimentées par l'acide marin, colorées par un mêlange de dissolution végétale, réduite dans l'état charboneux avec surabondance de terre argilleuse blanche, qui dans le voisinage a formé des dépôts séparés, conservant leur couleur naturelle. On voit encore dans cette agate un troisiéme dépôt de terre ochracée jaune qui y occupe même des parties assés considerables.

N.ro CV. Nom. *Blanche sâle opâque, avec taches blanches claires, de Castellaccio.*

Qualités. Grain mêlangé, Ciment puissant, Couleur blanche sâle opâque dans le fond, taches blanches claires dans les accessoires.

Nature. Particules Vitrifiables cimentées par l'acide marin, colorées par un dépôt de terre argilleuse blanche, dont la condensation plus, ou moins pure a occasionné la différence qu'on observe entre le fond de cette agate, & ses accessoires. Car, comme je l'ai déjà dit plus d'une fois, la surabondance des particules terrestres, est la cause de l'opâcité, tout de même, que la surabondance du fluide agatisant constitue la diaphanaïté des agates.

N.ro CVI. Nom. *A fond verd obscur transparent, avec taches blanches crystallisées, mais denses, de Castellaccio.*

Quali-

Qualités. Grain mêlangé, Ciment puissant, fond verd obscur transparent, taches blanches crystallisées.

Nature. Particules Vitrifiables cimentées par l'acide marin, colorées par un dépôt de dissolution végétale un peu fermentée, mais puissamment délayée par le fluide agatisant. Les taches blanches qu'on observe dans cette agate proviennent d'une crystallisatiou spâtique à peu près de la Nature de celle que j'ai décrite au numero 63., toute la différence, que j'y rémarque, est que celle-ci est de terre argilleuse blanche admise dans le moment de la condensation générale.

N.ro CVII. Nom. *Rougeâtre opâque tachée de blanc, de Castellaccio*.

Qualités. Grain fin, Ciment puissant, Couleur rougeâtre opâque, tache blanches.

Nature. Particules Vitrifiables cimentées par l'acide marin, colorées par un dépôt de terre rouge bollaire, mêlangée avec un peu de terre argilleuse blanche, qui dans le voisinage a formé des dépôts séparés conservant sa couleur naturelle.

N.ro CVIII. Nom. *A fond transparent, avec taches jaunes lizerées de rouge, & d'autres de couleur de Calcedoine, de Castellaccio*.

Qualités. Grain mêlangé, Ciment puissant, fond transparent, taches jaunes, liziéres rouges, parties couleur de Calcedoine.

Nature. Particules Vitrifiables cimentées par l'acide marin, colorées par un dépot de fluide agatisant séparément condensé, dans la masse duquel flottent d'autres petits dépôts formés par la terre ochracée jaune. Un peu de terre rouge bollaire formant une condensation extérieure les a légerement contourné d'une liziére très agréable à l'œil, & une condensation moins pure du fluide agatisant qui fait le fond de cette agate, a formé ces parties louchement transparentes que nous désignons sous le nom de couleur de Calcedoine.

N.ro CIX Nom. *Jaune vive, avec petites taches rouges, & blanches, du fleuve Abbisso*.

Qualités. Grain fin, Ciment puissant, fond jaune, taches rouges, & blanches.

Nature. Particules Vitrifiables cimentées par l'acide marin,

rin, colorées par un dépôt de terre jaune ochracée, dans la masse duquel se sont formés d'autres dépots de terre rouge bollaire, & de terre argilleuse blanche.

N.ro CX. Nom. *Jaune claire, avec taches rouges pâles, & d'autres de couleur de Calcedoine, du fleuve Orete.*

Qualités. Grain mêlangé, Ciment assés puissant, Couleur jaune, taches rouges, parties couleur de Calcedoine.

Nature. Particules Vitrifiables cimentées par l'acide marin, colorées par un dépôt de terre ochracée jaune délayée par un fluide agatisant très abondant dans la masse duquel se sont formés d'autres dépôts de terre rouge bollaire. Les parties couleur de Calcedoine sont de la Nature de celles que nous avons décrites ci-dessus au numero 108.

N.ro CXI. Nom. *Jaune pâle sâle, avec taches rouges sâles, & d'autres rouges crystallisées, du fleuve Orete.*

Qualités. Grain mêlangé, Ciment puissant, Couleur jaune, taches rouges crystallisées.

Nature. Particules Vitrifiables cimentées par l'acide marin, colorées par un dépôt de terre jaune ochracée un peu sédimenteuse, délayée par la presence d'un fluide agatisant assés abondant. Les taches rouges sâles de cette agate sont le produit d'un dépôt de terre rouge bollaire, dont la partie sédimenteuse a formé ces taches, tandis que la plus subtile s'est combinée avec un fluide agatisant très pur, & s'est crystallisée avec lui.

N.ro CXII. Nom. *Jaune vive, avec taches de couleur de Calcedoine, & d'autres rouges, du fleuve Orete.*

Qualités. Grain mêlangé, Ciment puissant, Couleur jaune, taches de couleur de Calcedoine, & d'autres rouges.

Nature. Particules Vitrifiables cimentées par l'acide marin, colorée par un dépôt de terre jaune ochracée, d'une couleur vive, dans la masse de laquelle se sont formées des taches de couleur de Calcedoine, provenantes, comme on le sçait de la combination du fluide agatisant, avec un peu de terre argilleuse blanche, & les rouges de l'admission d'un nouveau dépôt de terre bollaire rouge.

N.ro CXIII. Nom. *Jaune claire, avec taches rouges, & petites taches blanches, du fleuve Orete.*

Quali-

Qualités. Grain mêlangé, Ciment puissant, Couleur jaune, taches rouges, & d'autres blanches.

Nature. Particules Vitrifiables cimentées par l'acide marin, colorées par un dépôt de terre jaune ochracée, délayée par un fluide agatisant très abondant, & par deux autres dépots l'un plus considérable de terre rouge bollaire, l'autre en moindre quantité de terre argilleuse blanche.

N.ro CXIV. Nom. *Tacheté de jaune, avec contours transparents, & petites taches diaphanes, de S. Marie del Gesù.*

Qualités. Grain très fin, Ciment puissant, fond composées de petites taches jaunes entre coupé de contours transparent, & de petites taches diaphanes.

Nature. Particules Vitrifiables cimentées par l'acide marin, colorées par un dépôt de terre jaune ochracée puissamment condensée, & par un dépôt abondant de fluide agatisant dans un très grand état de pureté, qui, tantôt a contourné ces taches jaunes de liziéres transparentes, tantôt, trouvant apparemment moins de résistance, a formé des parties d'une diaphanéïté très agréable à l'œil.

N.ro CXV. Nom. *Rougeâtre claire opâque tachétée de blanc, avec des lignes brunes, de S. Marie del Gesù.*

Qualités. Grain médiocre, Ciment puissant, Coûleur rougeâtre opâque, taches blanches, lignes brunes.

Nature. Particules Vitrifiables cimentées par l'acide marin, colorées par un dépôt de terre rouge bollaire affaiblie en teinte par son mêlange avec un peu de terre argilleuse blanche qui dans le voisinage, a formé des dépôts séparés. La surabondance des parties terrestres a occasionné dans la masse générale, & dans les accessoires l'opâcité qu'on y remarque; & une transsudation de dissolution de roche pourrie a donné l'origine aux lignes brunes, qu'on voit dans cette agate.

N.ro CXVI. Nom. *Rouge vive, avec taches jaunes, & quelques unes transparentes, de Termini.*

Qualités. Grain mêlangé, Ciment puissant, Couleur rouge, taches jaunes, parties transparentes.

Nature. Particules Vitrifiables cimentées par l'acide marin, colorées par un dépôt de terre rouge bollaire, & un autre de de terre jaune ochracée ; à ces deux dépôts, s'est joint un troisiéme de fluide agatisant très abondant, & très pur qui s'est condensé séparement.

N.ro CXVII. Nom. *A fond blanc sâle, tachété de blanc clair, avec de grandes taches jaunes, de Termini.*

Qualités. Grain mêlangé, Ciment puissant, fond blanc sâle, taches blanches claires, parties jaunes.

Nature. Particules Vitrifiables cimentées par l'acide marin, colorées par un dépôt de terre argilleuse blanche, un peu sédimenteuse dans le sein de laquelle s'est fait une séparation des parties les plus subtiles d'avec les plus grossiéres, qui font le fond. A ce dépôt s'est joint un autre de terre ochracée jaune, formant de très grandes parties de cette derniere couleur.

N.ro CXVIII. Nom. *Rougeâtre claire opâque tachetée de blanc, avec taches jaunes claires, de Saint-Stefano.*

Qualités. Grain mêlangé, Ciment puissant, Couleur rougeâtre opâque, taches jaunes, & blanches.

Nature. Particules Vitrifiables cimentées par l'acide marin, colorées par un dépôt de terre rouge bollaire rendu opâque par la surabondance des parties terrestre, & affaiblie en teinte par son mêlange avec un peu de terre argilleuse blanche, qui dans le voisinage a formé des dépôts separés, & étendu la même influence sur les taches formées par la condensation d'une terre jaune ochracée.

N.ro CXIX. Nom. *Jaune claire transparente, avec taches jaunes obscures, & d'autres spâtiques, de Saint-Stefano.*

Qualités. Grain fin, Ciment puissant, Couleur jaune transparente, taches jaunes obscures, parties spâtiques.

Nature. Particules Vitrifiables cimentées par l'acide marin, colorées par un dépôt de terre jaune ochracée, un peu affaibli en teinte, & rendu transparent, étant puissamment délayé par le fluide agatisant. Les taches jaunes obscures de cette agate proviennent d'une dissolution de roche pourrie très terreuse, & les parties spâtiques sont de la Nature des celles que nous avans décrites au numero 63.

N.ro CXX. Nom. *Rouge pâle transparente, avec taches claires sâles, du fleuve de Saint-Michel.*

Quali-

Qualités. Grain mêlangé, Ciment puissant, Couleur rouge transparente, taches claires sâles.

Nature. Particules Vitrifiables cimentèes par l'acide marin, colorées par un dépôt de terre rouge bollaire affaiblie dans sa teinte, & rendu transparent par la presence d'un fluide agatisant très abondant qui l'a délayé. Les taches claires sâles de cette agate proviennent d'une condensation impure, & sédimenteuse du fluide agatisant, ou la diaphanëité naturelle combat toujours contre la transparence nébuleuse, & etrangére à cette Nature.

N.ro CXXI. Nom. *Rougeâtre claire opâque, avec taches jaunes, du fleuve Saint Michel.*

Qualités. Grain mêlangé, Ciment puissant, Couleur rougeâtre opâque, taches jaunes.

Nature. Particules Vitrifiables cimentées par l'acide marin, colorées par un dépôt de terre bollaire rouge rendu opâque par la surabondance des particules terrestres. Les taches jaunes de cette agate proviennent, comme à l'ordinaire, d'un dépôt de terre ochracée jaune. C'est là à quoi se réduit, à peu prés, tout ce qu'on peut dire des agates de la Sicile.

CLASSE XVI.

Des Crystaux.

Dans le douziéme Chapitre de ma Lytographie Sicilienne je n'ai fait qu'indiquer légérement la qualité des Cristaux de la Sicile, sans entrer dans l'analise de leur Nature, & sans marquer les lieux ou on les trouve communément. Le peu d'etendu de ce premier Ouvrage m'obbligeant à me restraindre dans des bornes très étroites, je n'ai fait que presenter l'esquisse d'un travail plus considérable, que je veux mettre au jour dans ce moment-ci. Quoique mon intention soit d'offrir au public tous les détails respéctifs à cette matiére que mes observations m'ont fait connaître, je ne prétens pas neanmoins empiéter sur ma Théorie des Volcans, & j'eviterai de traiter icy tout ce qui est du resort de ce dernier Ouvrage. Comme par exemple les prétendues Amesthystes de Sainte Ca-

térine

térine, les Cryſolites & les Topazes de près de Caſtrogiovanni, & d'autres fluors de cette Nature produits par une cauſe Volcanique, & que l'ignorance des Obſervateurs a claſſé au nombre des pierres precieuſes. D'après ce plan, cette claſſe ne renfermera, que la ſimple analiſe des cryſtaux de roche de la Sicile ſuivant la méthode obſervée dans tout le corps de cet Ouvrage.

Cryſtaux ſédimenteux avec végétation véritable.

N. I. Nom. *Cryſtal ſédimenteux de Sainte Caterine.*

Qualités. Chriſtalliſation priſmatique héxagonale, Ciment puiſſant, diaphanéïté louche, ſédiment verdâtre en forme de végétation.

Nature. Particules Vitrifiables cimentées par le fluide cryſtalliſant, offrant dans les pores extérieurs du cryſtal une ſurface liſſe au toucher. Cette ſubſtance étant compoſée de parties homogénes très petites, & ſemblables dans leur Nature; dans leurs jonctions ne preſente aucun Vuide, comme on peut aiſément s'en aſſurer par la propriété des Corps héxagonaux ammoncelés & placés, l'un ſur l'autre, tant qu' un Corps étranger ne vient pas par ſon épaiſſer interrompre leur juxta-poſition. Dans le cas contraire les faiſceaux lumineux venant à ſe briſer irréguliérement, ſuivant leur refraction plus au moins grande, produiſent des nuances plus moins fortes, des reflets plus au moins colorés, enfin font naître ces nageoires de poiſſons, ces écailles azurées, ces iris, ces teintes d'opâle, ces ramifications prétendues végétales, & tous les autres phénoménes, que les cryſtaux nous preſentent, & qui ne ſont la plus part du temps qu'illuſoires; parceque les Corps dont l'interpoſition a été la cauſe principale de ces effets bien ſouvent ne ſubſiſtent plus depuis bien long temps. Je ſuis entré ici dans ces détails, quoique nullement rélatifs à ce cryſtal, pour éviter l'inutile travail de répéter les mêmes principes à chaque numero. Quant à ce cryſtal ci, ſes taches ſédimenteuſes ne ſont nullement illuſoires; ce ſont des veritables petites branches mouſſeuſes, enveloppées, & condenſées par le fluide cryſtalliſant, qui ſont la cauſe des ramifications qu'on y voït.

J'ai

J'ai remarqué des cryſtaux de même Nature à Caſtrogiovanni, à Centorbi, & dans quelques autres lieux moins connus, la plus part du tems ſans nom.

CRISTEAUX SEDIMENTEUX.

Avec apparence de végétation illuſoire.

Ayant demontré dans l'article precédent la cauſe véritable de ce phénoméne, je n'entrerai point dans de nouveaux d'étails à ce ſujet; Mais pour donner une connaiſſance plus particuliérè de ce genre, j'offrirai ici le tableau ordinaire.

N.ro I. Nom. *Cryſtal ſédimenteux, avec apparence de végétation, de Saint-Giuliano.*

Qualités. Criſtalliſation priſmatique hexagonale, Ciment puiſſant, diaphanéïté louche par intervalle, & très claire dans certaines parties, ſédiment noirâtre, végétation avec des ramifications indéterminées, & pour l'ordinaire bigarées de couleurs priſmatiques.

Nature. Particules Vitrifiables cimentées par le fluide cryſtalliſant, ternies dans la diaphanéïté de quelques unes de leurs parties par des dépôts ſédimenteux. Les Ramifications qu'on voit dans cette ſubſtance doivent leur origine à un défaut de juxta-poſition des parties conſtituantes, dans les interſtices deſquelles la refraction des faiſceaux lumineux produit des effects differens. Ont voit aſſés communement des cryſtaux dé cette éſpéce non ſeulement à S.t Giuliano, mais encore dans beaucoup d'autres montagnes de ce Royaume.

CRYSTAUX MOUSSEUX, ET PORREUX.

N.ro I. Nom. *Cryſtal porreux, de Centorbi.*

Qualités. Cryſtalliſation priſmatique Hexagonale, Ciment puiſſant, diaphanéïté parfaite, parties mouſſeuſes, poroſités fréquentes.

Nature. Particules Vitrifiables cimentées par le fluide cryſtalliſant offrant à l'œil une diaphanéïte parfaite par la juxta-poſition

ſition reguliére de leurs parties conſtituantes dans la totalité, que les parties mouſſeuſes ne peuvent point troubler; parceque ce ſont des dépôts ſéparés formés dans l'immenſité de la cryſtalliſation génerale par quelque accident immédiat au moment de la condenſation. Dans ces parties mouſſeuſes il faut reconnaitre une double Nature de dépôts: l'une eſt composée de parties végetales éxtrêmement triturées par la fermentation, & réduites à un point, qu'elles paroiſſent tenir plutôt du Règne minéral, que du premier; l'autre conſiſte dans des corps végétaux envelopés par le fluide cryſtalliſant dans le moment de la condenſation, putrefiés enſuite, & decomposés à l'aide du tems par le contact immédiat de l'air, & laiſſant après leur déſtruction ce vuide dans la maſſe génerale plus, ou moins grand, ſuivant la grandeur réſpective de leur volume. Ces cryſtalliſations doivent être régardées comme les plus deffectueuſes, par ce que, mettant à part le faible mérite qu'elles peuvent avoir aux yeux du Naturaliſte, les poroſités continuelles dont leur maſſes abondent, les rendent abſolument inutiles pour tel uſage que ce ſoit qu'en voulût faire l'artiſte le plus adroit. Malheureuſement cette ſubſtance eſt la plus commune en ce genre dans ce Royaume.

CRYSTAUX DIAPHANES, ET SANS DEFFAUTS.

N.ro I. Nom. *Cryſtal de roche limpide, de Sainte Caterine.*

Qualités. Cryſtalliſation priſmatique hexagonale, Ciment très puiſſant, diaphanéité parfaite.

Nature. Particules Vitrifiables cimentés par le fluide cryſtalliſant, offrant à l'œil une diaphanéïté parfaite, par la raiſon de la juxte-poſition réguliére de ſes parties conſtituantes. Par le même motif on ne voit dans cette ſubſtance ni dépôts étrangers, ni reflects, ni étonements, ni couleurs priſmatiques quelconque, le tiſſû de la cryſtalliſation eſt ſuivi par tout d'une maniére égale, & ſans la moindre interruption. En un mot cette ſubſtance eſt parfaite dans ſa Nature, c'eſt dommage que les Canons en ſoyent trop petits, & par conſequent d'un uſage très borné. J'ai fait à cet égard les plus grandes perquiſitions, mais

par

par tout également peu satisfaisantes. Cependant des personnes dignes de foi, tant étrangéres, que nationales, m'ont assuré qu'autre fois les mêmes rochers avoient offert à la cupidité de quelques personnes ignorantes, des matiéres superbes, & des Canons de la plus grande beauté, que l'ignorante avarice a plutôt détruit, qu'employé. Comme cela arrive d'ordinaire, dans touts les lieux ou des méthodes prudentes & invariables ne servent point de règle à de semblables traveaux.

En finissant cet Article j'ai épuisé toutes les observations, que la curiosité, l'occasion, & un travail laborieux m'ont fait faire sur tout les produits rélatifs à la terre Vitrifiable. Je vais passer dans ce moment ci à ceux de la terre Calcaire, & j'espére y faire reconnaitre au Lecteur le même zéle, & les mêmes efforts qui m'ont toujours guidés dans l'entreprise de cet Ouvrage.

CHAPITRE III.

Des produits tenans à la terre Calcaire.

CLASSE I.

Des Pierres de Montagne.

TOutes les élevations naturelles *(a)* sur le niveau de la terre, que nous appellons Montagnes, sont composées de couches de terre de différentes Natures, ou de pierres, soit ammoncelées, soit formant des lits bien souvent d'une très grande étendue; & ainsi que les terres différent entre elles quant à leur Nature, tout de même les pierres offrent dans l'analise, des Principes tous différens. Nous avons déjà vu dans le Chapitre précédent toutes celles qui doivent leur origine à l'agrégation des parties vitrifiables du terrain de la Sicile. Ce Chapitre est déstiné à la déscription des produits Siciliens, tenans à la terre Calcaire, & suivant nôtre méthode ordinaire nous allons en abrégé

R 2

(a) *J'appelle élevation naturelle tout ce qui n'a pas été fait de main d'homme.*

regé offrir au Lecteur tous les détails rélatifs aux marques Caractéristiques de chaque espéce en particulier.

N.ro I. Nom. *Pierre Calcaire blanchâtre de Catania*.

Qualités. Grain assès fin, Ciment peu puissaut, Couleur blanche jaunâtre.

Nature. Baze de terre calcaire, qui parait devoir son origine à des parties solides d'animaux, alterées, dissoutes, enfin rapprochées par la juxta-position, ce qui donne au tout l'air d'une espéce de crystallisation grossiére.

N.ro II. Nom. *Pierre Calcaire blanchâtre de Syracuse*.

Qualités. Grain médiocrement fin, Ciment assés puissant, couleur blanche jaunâtre.

Nature. Baze de terre calcaire, provenant de la même Nature que la précedente, que l'on peut regarder comme générale pour toutes les pierres calcaires. Le ciment de cette pierre est l'acide marin mais trés délayé, le grain de cette pierre est souvent mêlangé par l'admission des particules du tuf dans le quel sont creusées les Latomies de Syracuse. Cette pierre a encore une particularié de plus, c'est, quelle est d'ordinaire recouverte au dehors d'une pierre blanchâtre argilleuse, espéce de Salband des Allemands.

N.ro III. Nom. *Pierre calcaire grisâtre de Raguse*.

Qualités. Grain asses fin, Ciment médiocrement puissant, couleur grisâtre.

Nature. Baze de terre calcaire colorée par la dissolution de la terre à potier du voisinage; cette pierre s'imbibe aussi de pétreole, mais beaucoup moins que la pierre argilleuse du même endroit; il y en a même des morceaux qui ne trahissent la présence de ce bitume qu'aprés qu'ils ont été longtems chauffés.

Voici les principales variétés des pierres calcaires des montagnes de Sicile. En général cette Nature y est très abondante, mais elle n'y est point aussi variée qu'on le voit d'ordinaire dans d'autres pays; le manque actuel du fer dans cette Isle me parait en être la principale raison. Pour ne pas allonger cet ouvrage par des repétitions inutiles, je me contenterai d'observer. I. Que les environs de l'Etna ont très peu

de

de pierre calcaire de montagne, II. que c'eſt ſur les bords de la mer, principalement ſur les côtes méridionales qu'elles ſont les plus abondantes, vû le continuel ouvrage de la mer de ce côté. III. Que toutes les pierres de cette éſpéce ſe réduiſent à ces trois couleurs : Griſâtre, Blanchâtre & jaunâtre. IV. Que le tiſſu de ces pierres eſt très peu ſerré, que leurs lits ſont preſque toujours horizonteaux, & que leurs maſſes ſont ſolubles par tous les menſtrues acides. V. Que toutes ces pierres donneut de la chaux plus ou moins à raiſon de leur pureté, & du temps qu'elles ont été éxpoſées à l'air. Opération de la Nature dont on n'a pas bien ſçu rendre raiſon encore, mais qui influe infiniment ſur la quantité, & particulierément ſur la qualité de la chaux qu'on obtient de ces pierres (*a*). VI. Que la pierre calcaire des Montagnes de Sicile renferme beaucoup de ſouffre qui ſemble influer infiniment ſur ſa minéraliſation. Surtout dans ces pierres raboteuſes dont les parties reſſemblent plutôt à du petit gravier ſpâthique qu'à une pierre calcaire ordinaire.

CLASSE II.

Des Tufs Coquillers Calcaires.

Plus de poroſités dans le tout, & de ſéchereſſe dans les parties fait différentier le tuf calcaire du tuf glaizeux; autant que le ſecond convient aux engrais des terres, autaut le premier leur eſt nuiſible, la racine ne peut percer le tiſſu pierreux de cette ſubſtance, & ſes particules détachées & chariées par l'eau, obſtruent & oblitérent les tuyaux des plantes quelles touchent. Il y a des tufs coquillers argilleux & calcaires, mais les premiers ſont moins communs; parceque l'egalité de leurs parties compoſantes, leur éxacte juxta-poſition & les ſucs gras dont elles ſont détrempées les cimentent bientôt, & en forment des eſpéces des pierres de roche ou d'agates lumachelle, très belles. Les tufs coquillers calcaires au contraire privés

(a) *Voyée la deſſus Wall. la Minéral. de M.*^r^ *de Valmont, & les Dictio. de Chimie, & ſurtout conſultés l'expérience journalière, qui eſt le meilleur maître dans ces ſortes de procedés.*

vés d'un ciment aussi puissant restent continuellement dans le même état, & du moment ou le dépôt formé par l'eau à enveloppé dans son immensité un Corps quelconque, jusqu'à celui ou la main de l'ouvrier, le laps du tems, ou quelque accident le découvre; on n'apperçoit d'autre changement, si non, la putrefaction du corps renfermé, & son empreinte sur la matiére ambiante, attestant sa présence par une representation exacte & fidéle. Quelque fois l'infiltration, métallique ou bien souvent arsénicale, métallise les reliefs de ces empréinptes. Voici les principaux tufs coquillers calcaires de la Sicile.

N.ro I. Nom. *Tuf coquiller calcaire, de Siracuse.*

Qualités. Grain médiocrement fin, Ciment faible, Couleur jaunâtre.

Nature. Baze de terre calcaire cimentée par un acide marin, très faible, colorée par la dissolution des Corps animaux qu'elle renferme & dont elle est presque toute composée. Ce tuf est très tendre, mais ses particules étant privées du suc savonneux qui détrempe pour l'ordinaire les tufs argilleux, n'a point au toucher, ce tact velouté qu'ont pour la plupart ces derniers.

N.ro II. Nom. *Tuf coquiller calcaire, du Cap Passaro.*

Qualités. Grain grossier, Ciment très faible, Couleur jaunâtre.

Nature. Baze de terre calcaire cimentée par un acide marin, très faible, colorée par une dissolution de Corps animaux un peu putrefié. Ce tuf n'est d'aucun usâge, à cause de la fragilité de sa masse, & de la grossiéreté de son grain.

N.ro III. Nom. *Tuf coquiller calcaire, des environs de Saint-Martin près de Palerme.*

Qualités. Grain fin, Ciment asses puissant, Couleur jaunâtre.

Nature. Baze de terre calcaire cimentée par l'acide marin, colorée par la déstruction des corps animaux, que cette substance renferme. Ce tuf est presque entiérement composé de petits buccins réduits presque en chaux par la cal-

calcination naturelle, la force de ſon ciment, la juxta-poſition de ſes molécules compoſantes, & la denſité majeure de ſon tiſſu, me le font preférer à tous le tufs de la Sicile, auſſi les Peres de Saint-Martin, riche Abbaïe de Benedictins aux environs de Palerme en ayant depuis peu découvert la carriére, en employent utilement les pierres aux immenſes conſtructions qu'ils ont nouvellement entrepris pour la commodité de leur Couvent.

Il y a encore beaucoup d'autres endroits de Sicile ou la Nature offre d'immenſes dépôts de tuf; mais comme c'eſt à peu près toûjours la même qualité, & que les variations qu'on peut y remarquer ne ſont abſolument qu'accidentelles, je me contenterai d'avoir indiqué cy-deſſus les principales eſpéces.

CLASSE III.

Des Pierres à chaux.

Tous les produits ténans à la terre Calcaire étant calcinés ſoit par l'action du feu, ſoit par la calcination naturelle, qui n'eſt autre choſe qu'une fermentation; donnent de la Chaux; mais tous ne ſont pas également bons à cet emploi, C'eſt pourquoi on ne fait uſage que des pierres qu'on a diſtinctivement appellé pierres à chaux, & qui doivent avoir les qualités ſuivantes, pour être reputées bonnes. I. dans la carriére elles doivent ſonner au marteau. II. les pierres blanchâtres ſont les meilleures, parce qu'elles ſont les plus pures, les brillantes renferment d'ordinaire du mica, les griſâtres un peu de terre adamique, & les jaunâtres de l'ocre. Enfin, les pierres doivent être peſantes & dures.

La Sicile eſt ſi riche dans ce genre de pierres que je crois abſolument inutile d'éntrer dans de plus grands d'étails à ce ſujet. C'eſt principalement du coté de Girgenti, Cacamo, Mezzoiuſo, Aragona, Gibico, Raccuia, Alcamo, Petralla, & Giancavallo, qu'on en trouve le plus abondament.

CLAS-

CLASSE IV.

Des Marbres.

Le Marbre ne différe des autres produits tenants à la terre calcaire que par la fineſſe de ſes particules compoſantes, par l'unité de leur juxta-poſition, & par la force du ciment qui les lie : joignant à ſes qualités naturelles celles dont le hazard enrichit ces productions, on aura la ſolution des queſtions qu'on pourrait former ſur la pureté du grain ſalin ou brillanté qu'on apperçoit dans les fractures de cette ſubſtance. Je m'etendrai plus au long ſur chaqu'une de ces particularités en parlant en détail des marbres de ce royaume.

N.ro I. Nom. *Rouge, à taches obſcures, de Trapani.*

Qualités. Grain médiocre, Ciment aſsès fort, fond rouge, taches obſcures.

Nature. Baze de terre calcaire cimentée par l'acide marin, colorée dans le fond par une diſſolution végetale rougie par la préſence de l'acide marin, & dans les taches par une autre diſſolution de moëllon calcaire putrefié.

N.ro II. Nom. *Rouge, à taches vertes, de Trapani.*

Qualités. Grain mêlangé, Ciment plus ou moins puiſſant par intervalle, fond roûge, taches vertes.

Nature. Baze de terre calcaire cimentée par l'acide marin, colorée dans le fond comme la précedente, & dans ſes taches par une diſſolution végétale peu fermentée. Il eſt bon d'obſerver ici pour l'intelligence de cet Ouvrage que les diſſolutions végétales forment de la terre calcaire & de la terre argilleuſe. La premiére par la Nature de tous les Corps animaux, & végétaux, la ſeconde par une trituration majeure qui reſtitue les molecules terreſtres à leur premiére qualité de terre vitrifiable ou primitive, & que ce n'eſt qu'un dégré de fermentation de plus ou de moins qui opére cette double métamorphoſe. Fixer les bornes de cette opération paſſe les forces de la chimie. Reconnaître le changement operé eſt de ſon reſſort, c'eſt à quoi je me ſuis borné dans cet Ouvrage.

N.ro III. Nom. *A taches vertes & blanches, de Trapani.*

Qua-

Qualités. Grain médiocre, Ciment asſès puiſſant, fond entremêlé de taches vertes & blanches.

Nature. Baze de terre calcaire cimentée par l'acide marin, colorée par une diſſolution végétale peu fermentée dans les taches vertes, & par une agrégation de diſſolution de corps animaux pour les blanches.

N.ro IV. Nom. *Bigio bianco, ou griſaille, à taches blanches, de Trapani*.

Qualités. Grain asſès fin, Ciment médiocrement puiſſant, fond gris avec taches blanches.

Nature. Baze de terre calcaire cimentée par l'acide marin & par un peu d'acide phoſphorique; colorée par la diſſolution de corps animaux, qui dans l'état naturel des corps un peu fermentés conſerve une couleur griſe, & étant calcinée par la calcination naturelle, c'eſt-à-dire tombant en farine, acquiert une nuance de chaux eteinte.

N.ro V. Nom. *Bigio, ou griſaille, à taches obſcures, de Trapani*.

Qualités. Grain fin, Ciment plus puiſſant, fond gris blanc, taches obſcures.

Nature. Baze de terre calcaire, cimentée par l'acide marin, & un peu d'acide phoſphorique, colorée par une diſſolution de corps animaux comme la precédente, avec la différence que dans les taches obſcures la fermentation de la diſſolution animale a été plus avancée.

N.ro VI. Nom. *Griſaille rougeâtre, de Trapani*.

Qualités. Grain aſſés fin, Ciment aſſés puiſſant, fond gris, taches rougeâtres.

Nature. Baze de terre calcaire, cimentée par l'acide marin, colorée par une diſſolution de corps animaux, avec admiſſion d'un peu de moëllon rougeâtre pourri.

N.ro VII. Nom. *Griſaille jaune & rouge, de Trapani*.

Qualités. Grain aſſés fin, Ciment plus puiſſant encore, que celui de l'eſpéce precédente, Couleur jaune dans le fond, taches rouges.

Nature. Baze de terre calcaire, cimentée par l'acide marin, colorée par une diſſolution de moëllon ou de tuf calcaire

S dans

dans la totalité du fond, & par une autre diſſolution de moëllon rouge pourri dans les taches rouges.

N.ro VIII. Nom. *Griſaille à taches pâles, de Trapanì.*

Qualités. Grain médiocre, Ciment aſſès fin, fond gris, taches blanches & griſes pâles.

Nature. Baze de terre calcaire, cimentée par l'acide marin, colorée par une diſſolution de corps animaux. Les taches griſes pâles qu'on voit dans ce marbre, proviennent d'une calcination naturelle d'une partie du dépôt quï commençait déjà a faire tomber en farine une partie de cette maſſe, avant que l'acide marin n'eut cimenté ces parties, & n'eut par ce moyen retardé l'action de la voye humide qui opére ſi efficacement ſur tous les corps de la Nature.

N.ro IX. Nom. *Griſaille, à taches blanches & jaunes, de Trapani.*

Qualités. Grain mélangé, Ciment aſſès puiſſant, fond blanc, taches jaunes.

Nature. Baze de terre calcaire, cimentée par l'acide marin, colorée par une diſſolution animale, dans un état cretacé, & par une autre diſſolution de moëllon jaune calcaire.

N.ro X. Nom. *Griſaille, à taches ſanguignes, de Trapani.*

Qualités. Grain mêlangé, Ciment puiſſant, fond gris, taches ſanguines.

Nature. Baze de terre calcaire, cimentée par l'acide marin, & quelque peu d'acide vitriolique, colorée par une diſſolution de corps animaux, avec addition d'un peu de diſſolution ferrugineuſe pour les taches ſanguines.

N.ro XI. Nom. *Pierre couleur de chair, ditte Gibillina, de Trapani.*

Qualités. Grain mêlangé, Ciment aſſés puiſſant, fond couleur de chair, taches rougeâtres & blanchâtres, de Trapani.

Nature. Baze de terre calcaire, cimentée par l'acide marin, colorée par une diſſolution animale, dans l'état de chaux, délaiée avec un peu de diſſolution ferrugineuſe.

N.ro XII. Nom. *Marbre à petits grains jaunes & rouges dit en Sicilien, Pedichiuſa, de Trapani.*

Quali-

Qualités. Grain mêlangé, Ciment médiocrement puiſſant, couleur mêlangé de jaune & de rouge à petits points.

Nature. Baze de terre calcaire, cimentée par l'acide marin, colorée par une double diſſolution de moëllon jaune & rouge. Une ſingularité remarquable dans ce marbre eſt que les deux diſſolutions ne forment point de taches dans la maſſe, mais ſeulement des petits points iſolés, & ne paraiſſant nullement tenir l'un à l'autre. Cela me raffermit dans l'idée que c'eſt à des diſſolutions de moëllon jaune & rouge qu'on doit la formation de ces points. Car il eſt dans la nature du moëllon diſſout dans l'eau, de former dans le fluide même qui le détrempe de petits grumeaux ſéparés. L'evaporation du liquide a naturellement rapproché les corps iſolés, & la préſence de l'acide marin opérant ſur tous les deux, les a mutuellement pétrifiés ſans pourtant confondre les natures.

N.ro XIII. Nom. *La même eſpéce, mais à grains plus gros, de Trapani*.

Qualités. Grain mêlangé, Ciment aſſés puiſſant. Couleur mêlangée de jaune & de rouge.

Nature. C'eſt une variété du marbre precédent, dont celui-cy ne différe que par la groſſeur des grains iſolés.

N.ro XIV. Nom. *Rougeâtre à taches obſcures, de Trapani*.

Qualités. Grain mêlangé, Ciment aſſés puiſſant, fond rougeâtre, taches obſcures.

Nature. Baze de terre calcaire, cimentée par l'acide marin, colorée par une diſſolution de moëllon rouge, avec addition de diſſolution de moëllon jaune pourri. J'ai crû entrevoir dans ce marbre la préſence de l'acide phoſphorique, mais d'une maniére ſi douteuſe, que je n'oſerai le garantir.

N.ro XV. Nom. *Rougeâtre à taches plus vives, de Trapani*.

Qualités. Grain mêlangé, Ciment aſſés puiſſant, fond rougeâtre, taches moins obſcures que dans l'eſpéce precédente.

Nature. Baze de terre calcaire, cimentée par l'acide marin, colorée comme le marbre precédent avec la ſeule différence que dans celui-ci les taches ſont moins obſcures, ce qui provient du mêlange d'un peu de diſſolution animale dans l'état

 de

de chaux, avec la diſſolution de moëllon jaune pourri, qui fait la baze de la teinte de ces taches.

N.ro XVI. Nom. *Jaune clair, de Caſtronuovo.*

Qualités. Grain aſſés fin, Ciment puiſſant, Couleur jaune claire, avec quelques petites veines jaunes obſcures.

Nature. Baze de terre calcaire, cimentée par l'acide marin, colorée par une diſſolution des corps animaux dans l'état de chaux. Les veines, ou plutôt les ramages obſcurs qu'on remarque dans ce marbre proviennent de quelques particules du même moëllon qui auront été diſſoutes après avoir un peu fermenté, & qui trouvant la maſſe générale encore tendre & fraiche, auront tranſſudé au travers, à l'aide du fluide qui les détrempait.

N.ro XVII. Nom. *Jaune à taches rouges, de Caſtronuovo.*

Qualités. Grain mêlangé, Ciment médiocre, fond jaune, taches rouges.

Nature. Baze de terre calcaire, cimentée par l'acide marin, colorée par une double diſſolution de moëllon rouge & jaune.

N.ro XVIII. Nom. *Jaune, avec taches jaunes ſâles & d'autres obſcures, de Caſtronuovo.*

Qualités. Grain trés mêlangé, Ciment médiocre, fond jaune, taches jaunes claires & obſcures.

Nature. Baze de terre calcaire, cimentée par l'acide marin, colorée par une diſſolution de moëllon jaune, quant au fond; & dans ſes taches, par la même diſſolution, un peu affaiblie en teinte, & par une autre de moëllon jaune pourri.

N.ro XIX. Nom. *Rouge, avec taches pâles, de Taormina.*

Qualités. Grain mêlangé, Ciment aſſès puiſſant, fond rouge, taches de la même Couleur, mais un peu pâles.

Nature. Baze de terre Calcaire, cimentée par l'acide marin, colorée par une diſſolution de moëllon rouge. Les taches pâles de ce marbre proviennent de la même diſſolution, mais un peu affaiblie ſeulement en teinte.

N.ro XX. Nom. *Rouge à taches noires, de Taormina.*

Qualités. Grain aſſès fin, Ciment médiocre, fond rouge, taches noires.

Natu-

Nature. Baze de terre Calcaire, cimentée par l'acide marin, colorée par une dissolution de moëllon rouge, avec addition de dissolution animale, dans le dernier degré de fermentation naissante de la putrefaction. C'est ce dernier dépôt qui a formé le taches noires qu'on voit dans ce marbre.

N.ro XXI. Nom. *Rouge à taches blanches, de Taormina*.

Qualités. Grain assés fin, Ciment médiocre, fond rouge, taches blanches.

Nature. Baze de terre Calcaire, cimentée par l'acide marin, coloreé par la dissolution du moëllon rouge, & par une dissolution de corps animaux dans l'état de chaux.

N.ro XXII. Nom. *Rouge à taches de différentes Couleurs, de Taormina*.

Qualités. Grain très mêlangé, Ciment assés puissant, fond rouge, taches & ramages grisâtres, jaunâtres & blanchâtres.

Nature: Baze de terre Calcaire, cimentée par l'acide marin, colorée dans son fond par une dissolution de moëllon rouge, & dans ses taches, ainsi que dans ses ramages par le mêlange de différentes natures qui semblent avoir concourrues à l'envie pour colorer ce marbre. Ou y distingue principalement la dissolution de corps animaux dans l'état de chaux, dans les taches blanches, la même mêlée, avec une autre dissolution de corps animaux, mais un peu fermentée; enfin, la dissolution de moëllon jaune. Les autres nuances sont trop faibles & échappent à l'analise par la petitesse des parties qu'elles ont colorées. Parmi ces teintes il en est qui ont formé des taches, d'autres de simples ramifications & des veinages. J'ai déjà démontré assés au long dans le premier Chapitre de cet Ouvrage qu'elle marche suivait la Nature dans la formation de ses dépôts, & ce que nous avons observé au sujet des produits de la terre Vitrifiable est applicable à ceux de la terre Calcaire, avec la différence que les veines ne seront jamais paralléles, ni les taches n'auront jamais de bornes exactement décidées par une teinte égale, comme dans la premiére. On en sent aisément la raison. Les taches & les veinages proviennent toujours d'une seconde formation, d'un dépôt secondaire admis dans le sein du premier,

mier, dans le tems que ſon ciment n'en a point encore ſtrictement reſſeré les parties compoſantes. La juxta-poſition des parties de la terre Vitrifiable preſente à la preſſion des particules advenantes, une réſiſtance égale, & par la arrête en même tems leur éffort. Au lieu que l'avidité des particules Calcaires abſorbe tout humide quelconque qui leur eſt préſenté. Le fluide une fois admis, en ſe deſſéchant ou en s'evaporant, dépoſe les corps terreſtres auquels il ſervait de diſſolvant, forme ainſi des dépôts étrangers au ſein du corps qui l'a admis, & ſuivant les ſinuoſités que l'irrégularité des parties Calcaires lui preſente, forme dans la condenſation des corps étrangers, des taches & des veines très particuliéres dans leur configuration. Elles participent toujours vers leurs extrémités, de la nature premiére qui les a recues dans ſon ſein.

N.ro XXIII. Nom. *Rouge à taches laiteuſes, de Taormina.*

Qualités: Grain mêlangé, Ciment aſſés puiſſant, fond rouge, taches laiteuſes.

Nature. Baze de terre Calcaire, cimentée par l'acide marin, colorée par une diſſolution de moëllon rouge dans ſon fond & dans ſes parties, par une diſſolution de corps animaux dans l'état de chaux, avec ſoupçon d'un peu d'alkali fixe qui donne à ſes parties graſſes un tact plus onctueux, plus doux, plus analogue aux produits de la terre Vitrifiable.

N.ro XXIV. Nom. *Rouge pâle, avec taches rouges foncées, de Taormina.*

Qualités. Grain mêlangé, Ciment médiocre, fond rouge pâle, taches rouges foncées.

Nature. Baze de terre Calcaire, cimentée par l'acide marin, colorées par une diſſolution de moëllon rouge, affaiblie dans ſa teinte par ſon mêlange, avec une autre diſſolution de corps animaux dans l'état de chaux. Les taches rouges foncées de ce marbre proviennent de la premiére diſſolution de moëllon rouge conſervée dans l'état de pureté & dépoſée au hazard.

N.ro XXV. Nom. *Rougeâtre, avec taches tirant ſur le bleu, de Taormina.*

Qualités. Grain mêlangé, Ciment aſſés puiſſant, fond rougeâtre, taches bleuâtres tirant ſur le gris.

Natu-

Nature. Baze de terre Calcaire, cimentée par l'acide marin, colorée par une dissolution de moëllon rouge, mêlangée avec une dissolution de corps animaux dans l'état de chaux. Les taches gris-bleues de ce marbre proviennent d'un autre mêlange de particules de corps animaux, dissous & fermentés par une forte putrefaction; enfin unis à une autre dissolution de corps animaux dans l'état farineux de la calcination naturelle.

N.ro XXVI. Nom. *Jaune, avec taches noires & blanches, de Taormina*.

Qualités. Grain très mèlangé, Ciment médiocre, fond jaune, taches noires & blanches.

Nature. Baze de terre Calcaire, cimentée par l'acide marin, colorée par une dissolution de moëllon jaune. Les taches noires & blanches de ce marbre proviennent d'une double déposition, de dissolution de corps animaux dans l'état de putrefaction, & de dissolution de corps animaux dans l'état de chaux.

N.ro XXVII. Nom. *Verdâtre avec taches tirant sur le bay; de Taormina*.

Qualités. Grain très mêlangé, Ciment asses puissant, fond verdâtre, taches tirant sur le bay.

Nature. Baze de terre calcaire cimentée par l'acide marin, avec addition d'un peu d'acide phosporique: colorée par une dissolution végétale affaiblie en teinte. Les taches tirant sur le bay qui bigarent le tissu de ce marbre proviennent d'une combinaison de dissolution de moëllon jaune pourri avec une dissolution de moëllon rouge.

N.ro XXVIII. Nom. *Marbre tachetté de blanc & de rouge; de Taormina*.

Qualités. Grain mêlangé, Ciment puissant, Couleur melée de blanc, & de rouge.

Nature. Baze de terre calcaire cimentée par l'acide marin, colorée par un double dissolution de corps animàux dans l'état de chaux, & de moëllon rouge.

N.ro XXIX. Nom. *Grisaille commune; de Castello a mare*.

Qualités. Grain très mêlangé, Ciment asses puissant, couleur melée de blanc & de gris.

Natu-

Nature. Baze de terre calcaire Cimentée par l'acide marin, colorée par une double diſſolution, l'une de corps animaux dans l'état de putrefaction, l'autre, de corps animaux dans l'état farineux de la calcination Naturelle, mêlangées enſemble.

N.ro XXX. Nom. *Rouge picotté de blanc, de Caſtello a mare.*

Qualités. Grain aſsès fin, Ciment puiſſant, fond rouge, petits points blancs.

Nature. Baze de terre calcaire cimentée par l'acide marin, colorée dans ſon fond par une diſſolution de moëllon rouge; & dans ſes petits points blancs par une diſſolution de corps animaux réduits dans l'état de chaux, & dépoſée de la maniére que nous l'avons expliquée aû numero 12. des marbres.

N.ro XXXI. Nom. *Rouge pâle; de Caſtello a mare.*

Qualités. Grain aſſés fin, Ciment aſſés puiſſant, couleur rouge pâle.

Nature. Baze de terre calcaire Cimentée par l'acide marin colorée par une diſſolution de moëllon rouge, affaiblie dans ſa teinte par ſon mêlange avec une diſſolution de corps animaux dans l'état de chaux.

N.ro XXXII. Nom. *Rouge & blanc; de Caſtello a mare.*

Qualités. Grain mêlangé, Ciment aſſés puiſſant, fond rouge, taches blanches.

Nature. Baze de terre calcaire cimentée par l'acide marin, colorée par une diſſolution de moëllon Rouge, dans l'état de chaux.

N.ro XXXIII. Nom. *Rouge, & blanc; de Caſtello a mare.*

Qualités. Grain mêlangé, Ciment aſſés puiſſant, fond rouge, taches blanches.

Nature. Baze de terre calcaire cimentée par l'acide marin, colorée comme celle de l'éſpéce precédente, avec la ſeule différence que dans celle ci la diſſolution animale étant en plus grande quantité, elle a formé des dépôts ſeparés dans ce marbre, au lieu que dans celui du numero 31. les deux diſſolutions ſe ſont mêlées enſemble.

N.ro XXXIV. Nom. *Blanc ſâle; de Caſtello a mare.*

Qualités. Grain médiocre, Ciment peu puiſſant, couleur blanche, mais ſâle. *Natu-*

Nature. Baze de terre calcaire cimentée par l'acide marin, colorée par une diſſolution animale dant l'état farineux. Il faut, qu'en quelque endroit, le corps diſſout ait ſouffert l'action de la putrefaction, car la teinte blanche du marbre eſt entrecoupée de corpuſcules jaunâtres obſcures qui ne peuvent provenir que de la cauſe indiquée.

N.ro XXXV. Nom. *Blanc Vif, de Caſtello a mare.*

Qualités. Grain très fin, Ciment puiſſant, couleur blanche vive.

Nature. Baze de terre Calcaire cimentée par l'acide marin, colorée par une diſſolution de corps animaux réduits dans l'état de chaux. La fineſſe des particules compoſantes, leur juxta-poſition, la force de leur ciment, font de ce marbre le produit Calcaire peut être le plus ſolide de ce Royaume.

N.ro XXXVI. Nom. *Blanc & noir; de Santa Maria del Boſco.*

Qualités. Grain mêlangé, Ciment médiocre, couleur mêlangée de blanc & de noir.

Nature. Baze de terre Calcaire cimentée par l'acide marin, colorée par une diſſolution de corps animaux réduits dans l'état de chaux, & une autre, des même corps putrefiés & noircis par une fermentation violente.

N.ro XXXVII. Nom. *Noir & jaune, à taches & lignes jaunes, eſpéce de Porte-or; de Santa Maria del Boſco.*

Qualités. Grain très mêlangé, Ciment aſſès puiſſant, fond noir, taches & veines jaunes.

Nature. Baze de terre Calcaire cimentée par l'acide marin, colorée par une diſſolution très abondante de corps animaux fermentés & fortement attaqués par la putrefaction. Les taches & les veines jaunes proviennent d'une diſſolution de moëllon jaune, & n'ont point la fineſſe du grain, ni l'éclat de celles qui brillent dans le porte-or, n'ayant point dans leur ciment ces ſucs onctueux & gras qui lient les particules compoſantes de ce dernier.

N.ro XXXVIII. Nom. *Noir, de Santa Maria del Boſco.*

Qualités. Grain fin, Ciment puiſſant, couleur noire.

Nature. Baze de terre Calcaire cimentée par l'acide marin, colorée par une diſſolution de corps animaux, attaqués fortement par la putrefaction. J'ai cru remarquer dans ce marbre la preſence de l'acide phoſphorique uni à un alkali volatil animal; mais je n'ai la deſſus que de ſimples conjectures.

N.ro XXXIX. Nom. *Noir tirant ſur le gris; de Santa Maria del Boſco*.

Qualités. Grain mêlangé, Ciment aſſés puiſſant, couleur noire mêlangée de parties griſâtres.

Nature. Baze de terre Calcaire cimentée par l'acide marin, colorée par une diſſolution de corps animaux de la Nature de celle des numeros 36. & 37. mêlangée avec une autre diſſolution de corps animaux dans l'état de chaux.

N.ro XL. Nom. *Blanchâtre, avec taches jaunes; de Biſachino*.

Qualités. Grain aſſés fin, Ciment médiocrement puiſſant, fond blanchâtre, taches jaunes.

Nature. Baze de terre Calcaire cimentée par l'acide marin, colorée par une diſſolution de corps animaux dans l'état de chaux, dans le ſein de laquelle s'eſt formé un nombre infini de dépôts ſécondaires de diſſolution de moëllon jaune, dont le voiſinnage a de diſtance en diſtance ſalli la teinte principale.

N.ro XLI. Nom. *Verdâtre, couleur verd de pomme; de Biſachino*.

Qualités. Grain aſſés fin, Ciment médiocrement puiſſant, couleur verte tendre.

Nature. Baze de terre Calcaire cimenteé par l'acide marin uni à l'acide vitriolique, colorée par une diſſolution végétale à peine un peu fermentée, je croirai même qu'une diſſolution de pirites cuivreuſes n'a pas peu contribué à aviver la teinte naturelle de ce marbre, dont la nuance verte eſt des plus amies de l'œil, & des plus agréables qu'on puiſſe voir nulle part.

N.ro XLII. Nom. *Obſcur; de Biſachino*.

Qualités. Grain mêlangé, Ciment médiocre, couleur obſcure.

Natu-

Nature. Baze de terre Calcaire cimentée par l'acide marin, colorée par une diſſolution de moëllon jaune pourri, uni à une diſſolution de corps animaux putrefiés fortement.

N.ro XLIII. Nom. *Blanc laiteux*; *de Biſachino*.

Qualités. Grain aſſés fin, Ciment aſſés puiſſant, couleur blanche,

Nature. Baze de terre Calcaire cimentée par l'acide marin, colorée par une diſſolution de corps animaux, réduite dans l'état farineux de la calcination naturelle. Le tact onſtueux des particules compoſantes de ce marbre provient de la préſence d'un alkali animal aſſés abondant dans cette ſubſtance.

N.ro XLIV. Nom. *Rouge, avec taches griſes*; *della Rocca delli Panni*.

Qualités. Grain mêlangé, Ciment puiſſant, couleur rouge dans le fond, taches griſes.

Nature. Baze de terre Calcaire cimentée par l'acide marin, uni à un peu d'acide phoſphorique, colorée par une diſſolution de moëllon rouge dans la maſſe de laquelle ſe ſont formés d'autres dépôts de ſeconde formation, de deux diſſolutions animales, dans l'état de chaux, & dans celui de la putrefaction.

N.ro XLV. Nom. *Jaune*; *de Corleone*.

Qualités. Grain aſſés fin, Ciment médiocrement puiſſant, couleur Jaune.

Nature. Baze de terre Calcaire cimentée par l'acide marin, colorée par une diſſolution de moëllon jaune tantôt dans, un très grand état de pureté, & tantôt mêlangée d'un peu de moëllon jaune pourri.

N.ro XLVI. Nom. *Griſâtre*; *de Corleone*.

Qualités. Grain mêlangé, Ciment aſſés puiſſant, couleur griſâtre.

Nature. Baze de terre Calcaire cimentée par l'acide marin, colorée par le mêlange de deux diſſolutions animales dans l'état de chaux, & dans l'état provennant d'une forte fermentation.

N.ro XLVII. Nom. *Marbre couleur de Chair; de la plaine des Grecs.*

Qualités. Grain assés fin, Ciment puissant, dans les parties saines; fond couleur de chair, ramages bleuâtres.

Nature. Baze de terre Calcaire cimentée par l'acide marin, colorée par une dissolution très abondante de corps animaux dans l'état de chaux, dans la masse de laquelle a transsudé une faible dissolution de moëllon rouge. Ce marbre a une particularité remarquable dans son grain; la configuration de ses particules salines est si regulière, qu'à la loupe ce marbre a tout l'air d'une crystallisation quartzeuse. Les ramages bleuâtres qu'on voit dans ce marbre ne doivent cette couleur qu'a l'apparence, & au brisement des faisceaux lumineux à travers les couches supérieures de la pierre. Ce ne sont que des cavités que l'air a pratiqué dans le sein du marbre, & où, avec le tems, se sont formés de petits dépôts de dissolution animale putrefiée. L'art en à sçu tirer parti, en faisant de cette pierre des Crucifix & des Ecce-homo, dans lesquels le talent de l'artiste étant aidé par la teinte naturelle de la pierre tirant sur la couleur de chair, & par ces veines, & par ces taches noires bleuâtres, presente à l'œil de l'Amateur une image assés naturelle d'un corps humain livide & meurtri de coups. C'est domage que cette pierre n'offre tout au plus qu'une longueur de 2. palmes, au plus.

N.ro XLVIII. Nom. *Rouge; de la plaine des Grecs.*

Qualités. Grain assés fin, Ciment médiocrement puissant couleur rouge.

Nature. Baze de terre Calcaire cimentée par l'acide marin, colorée par une dissolution de moëllon rouge, avec sçoupçon d'acide phosphorique.

N.ro XLIX. Nom. *Rouge pâle; de la plaine des Grecs.*

Qualités. Grain assés fin, Ciment médiocre, couleur rouge pâle.

Nature. Baze de terre Calcaire cimentée par l'acide marin, colorée par une dissolution très faible de moëllon rouge; unie à une dissolution animale dans l'état de chaux.

N.ro L.

N.ro L. Nom. *Verdâtre ; de la plaine des Grecs.*

Qualités. Grain assés fin, Ciment puissant, couleur verdâtre.

Nature. Baze de terre Calcaire cimentée par l'acide marin : colorée par une dissolution végétale peu fermentée.

N.ro LI. Nom. *Noir tirant sur le gris ; de la plaine des Grecs.*

Qualités. Grain mêlangé, Ciment faible, couleur noire dans le fond, taches grises.

Nature. Baze de terre Calcaire cimentée par l'acide marin, colorée par une dissolution de corps animaux putrefiés, & réduits dans l'état charboneux par la fermentation. Les taches grises proviennent d'un mêlange, de cette dissolution, avec une autre aussi de corps animaux mais dans l'état de chaux.

N.ro LII. Nom. *Rouge, avec taches jaunes ; de la plaine des Grecs.*

Qualités. Grain mêlangé, Ciment médiocre, couleur rouge, taches jaunes.

Nature. Baze de terre Calcaire cimentée par l'acide marin, colorée par une dissolution de moëllon rouge pour le fond, & par une autre de moëllon jaune pour les taches.

N.ro LIII. Nom. *Jaune ; de la Plaine des Grecs.*

Qualités. Grain asés fin, Ciment médiocrement puissant, couleur jaune tendre.

Nature. Baze de terre Calcaire cimentée par l'acide marin, colorée par une dissolution de moëllon jaune unie avec une autre dissolution de corps animaux dans l'état de chaux.

N.ro LIV. Nom. *Jaune & verd, de la Plaine des Grecs.*

Qualités. Grain mêlangé, Ciment puissant, fond jaune, taches vertes.

Nature. Baze de terre Calcaire, cimentée par l'acide marin, uni à un peu d'alkali volatil, colorée par une dissolution de moëllon jaune pour le fond, & par une dissolution végétale pour les taches ; toutes les deux très peu fermentées.

N.ro LV.

N.ro LV. Nom. *Verdâtre, avec taches blanches & rouges, du fief de l'occhio* (a).

Qualités. Grain très mêlangé, Ciment puissant, fond verdâtre, taches blanches & rouges.

Nature. Baze de terre Calcaire, cimentée par l'acide marin, colorée par une dissolution végétale affaiblie dans sa teinte par son mêlange, avec une dissolution de corps animaux dans l'état de chaux, qui, de distance en distance, dans cette masse s'est faite des dépôts particuliers de seconde formation. Les taches rouges de ce marbre proviennent d'une dissolution de moëllon rouge mêlée avec un peu de terre bollaire rouge, ce qui rend ces parties un peu refractaires, & non entierément dissolubles au simple contact de quelque acide.

N.ro LVI. Nom. *Rougeâtre, avec taches & veines blanches, du fief de l'occhio.*

Qualités. Grain mêlangé, Ciment puissant, Couleur rougeâtre, taches & veines blanches.

Nature. Baze de terre Calcaire, cimentée par l'acide marin, colorée par une dissolution de moëllon rouge; les taches & les veines blanches de ce marbre proviennent d'une dissolution de corps animaux dans l'état de chaux.

N.ro LVII. Nom. *Jaune, avec taches bleuâtres, du fief de l'occhio.*

Qualités. Grain mêlangé, Ciment puissant, fond jaune, taches bleuâtres.

Nature. Baze de terre Calcaire, cimentée par l'acide marin, colorée par une dissolution de moëllon jaune bien pure. Les taches bleuâtres proviennent comme nous l'avons déjà dit ci-dessus

(a) *Dans ma Litographie Sicilienne j'avais annoncé les marbres désignés par les numeros* 54. 55. & 56. *pour être de Saint-Martin près de Palerme, mais j'ai appris après l'impression de cet Ouvrage que j'avais été induit en erreur, & comme il ne m'a point été possible de corriger cette faute sur les exemplaires de ce premier Ouvrage déjà distribués, j'ai pris le parti d'y suppléer dans une note cy jointe. Ces trois espéces de marbres viennent du fief de l'occhio, à deux Miles de Saint-Martin; ce fief appartient à l'Ordre de Malthe.*

ci-dessus du mêlange d'une dissolution de corps animaux dans l'état de chaux, avec quelques particules d'une dissolution également animale, mais dans l'état charboneux. Si ce n'était qu'un simple mêlange, le résultat de cette opération serait une couleur grise; mais les particules noires se trouvant en premier lieu en plus petite quantité, en second lieu étant recouvertes d'une couche blanche, offrent à l'œil une teinte bleuâtre. Cela est si vrai que j'ai remarqué dans plusieurs morceaux de ce marbre, rompus par accident tout d'un coup, & sans aucun frottement, des traces des particules noires entiérement séparées des blanches.

N.ro LVIII. Nom. *Bréche grise & blanche à grandes taches, du Territoire de Gallo.*

Qualités. Grain mêlangé, Ciment assés puissant, Couleur mêlangée de gris & de blanc en grandes taches séparées.

Nature. Baze de terre Calcaire, cimentée par l'acide marin, uni à un peu d'alkali animal, colorée par une double dissolution de corps animaux dans l'état de chaux, & dans l'état charboneux. Il y à deux observations à faire au sujet de ce marbre; la prémiere que la dissolution dans l'état de chaux se trouve pure dans les taches blanches, au lieu que la dissolution charboneuse s'y voit toujours affaiblie considérablement en teinte par la surabondance de la premiére. La seconde, c'est que ces deux dissolutions, l'une dans l'état de pureté, l'autre affaiblie en teinte, sont de deux formations différentes, comme cela arrive dans toutes les bréches, ou une nature vient se loger au sein de l'autre, soit par accident, soit par infiltration succéssive, soit par corruption intérieure &c. A l'exactitude des limites des couleurs différentes on peut juger du tems dans lequel le second dépôt a été admis au sein du premier. Les teintes mourantes désignent une humidité encore forte dans la substance première, les teintes vives, un commencement, de déssication; une teinte tranchante de part & d'autre, une siccité parfaite.

N.ro LIX. Nom. *Gris, avec taches noires, de Gallo.*

Qualités. Grain mêlangé, Ciment puissant, Couleur grise, dans le fond, taches noires.

Na-

Nature. Baze de terre Calcaire, cimentée par l'acide marin, colorée dans le fond par une mêlange de dissolution de corps animaux dans l'état de chaux, avec une autre dissolution de corps animaux dans l'état charboneux. Mais il parait cependant que la derniere a dû être de beaucoup surabondante à la premiére, vû que non seulement le fond gris est assés obscur, mais encore les taches noires sont en très grandes quantité,& ont une teinte bien noire. J'ai crû appercevoir dans ce marbre quelque sçoupcon d'alkali animal.

N.ro LX. Nom. *Bréche à taches couleur de chair nuancée très faiblement, de Gallo.*

Qualités. Grain mêlangé, Ciment faible, Couleur de chair mais très faible.

Nature. Baze de terre Calcaire, cimentée par l'acide marin, mais très délaïé, colorée par une dissolution de corps animaux dans l'état de chaux, dans la masse de laquelle une dissolution très faible de moëllon rouge a transsudée, & n'ayant point assés de corps pour suivre sa marche & former par consequent des veines ou des ramages, elle s'est perdué dans la masse premiére & l'a légérement nuancée.

N.ro LXI. Nom. *Bréche couleur de Calcedoine, avec taches & veines blanches sâles. On appelle pour l'ordinaire ce marbre en Sicilien, Pedichiusa, de Gallo.*

Qualités. Grain très mêlangé, Ciment très puissant par intervalle & très faible dans certains endroits, couleur blanche tirant sur la Calcedoine, dans le fond, veines & taches blanches sâles.

Nature. Baze de terre Calcaire, cimentée par l'acide marin, colorée dans le fond par une dissolution de corps animaux dans l'état de chaux, condensée avec le mêlange d'un peu de fluide agatisant, ce qui donne à la masse un air de produit tenant à la terre Vitrifiable. Cette substance n'en est pas tout à fait cependant. Elle assimile plutôt à ceux de la terre Refractaire, & je l'aurai classée dans le Chapitre qui traite de ses produits, si les veines & les taches blanches de ce marbre n'etaïent tout à fait calcaires, & ne devaïent leur origine à une dissolution de corps animaux dans l'état de chaux.

N.ro LXII.

N.ro LXII. Nom. *Noir tirant ſur le gris, avec veines blanches, de Gallo*,

Qualités. Grain mêlangé, Ciment aſſés puiſſant, couleur noire griſâtre, veines blanches.

Nature. Baze de terre Calcaire, cimentée par l'acide marin, colorée par une diſſolution de corps animaux, dans l'état charboneux un peu affaiblie en teinte par ſon mêlange avec une autre diſſolution de corps animaux dans l'état de chaux, qui dans le voiſinage & même dans le corps du marbre a formé des veines blanches.

N.ro LXIII. Nom. *Bréche griſe, avec veines jaunes, & taches couleur de Calcedoine, de Gallo*.

Qualités. Grain très mêlangé, Ciment aſſés puiſſant, couleur griſe dans le fond, veines jaunes, taches couleur de Calcedoine.

Nature. Baze de terre Calcaire, cimentée par l'acide marin, colorée par une diſſolution de corps animaux dans l'état de chaux unie à une autre diſſolution de corps animaux, dans l'etat charboneux; les veines jaunes proviennent des infiltrations d'une diſſolution de moëllon jaune. Et les taches de la condenſation d'un peu de fluide agatiſant avec la diſſolution de corps animaux, dans l'état de chaux. Les parties qui compoſent ces taches ſont de nature Refractaire.

N.ro LXIV. Nom. *Bréche à taches noires, de Gallo*.

Qualités. Ce marbre eſt le même que le precédent excepté que dans celui-ci le fond eſt blanc, & les acceſſoires ſont noires.

Nature. Elle eſt à peuprès la même que celle du numero 61. mais en raiſon inverſe.

N.ro LXV. Nom. *Bréche à fond rouge foncé, avec taches jaunes & blanches ſâles, de Taormina*.

Qualités. Grain fin mêlangé, Ciment très puiſſant, couleur rouge foncée, dans le fond, taches jaunes & blanches.

Nature. Baze de terre Calcaire, cimentée par l'acide marin uni à l'acide vitriolique, colorée par un mêlange de diſſolution de moëllon rouge, avec de la terre argilleuſe bollaire, ce qui rend ce marbre un peu refractaire. Les taches jaunes proviennent d'une dissolution de corps animaux dans l'état de chaux.

N.ro LXVI. Nom. *Changeant, à nuances lilas, de Taormina.*

Qualités. Grain fin, Ciment faible, couleur changeante mêlée de lilas & de blanc.

Nature. Baze de terre Calcaire, cimentée par l'acide marin, colorée par un mêlange de dissolution de corps animaux dans l'état de chaux, qui fait le fond de ce marbre, avec deux autres dissolutions, une de moëllon rouge, l'autre de corps animaux dans l'état charboneux. Il parait que ce mêlange s'est fait par l'infiltration des deux dernieres dissolutions.

N.ro LXVII. Nom. *Marbre ordinaire, de Taormina.*

Qualités. Grain mêlangé, Ciment assés puissant, fond rouge, veinages blancs mêlés de filamens de crystallisation de fluide agatisant.

Nature. Baze de terre Calcaire, cimentée par l'acide marin, uni au fluide agatisant; colorée par une dissolution de moëllon rouge, unie à une autre de corps animaux dans l'état de chaux. Ces mêlange rend cette pierre un peu refractaire.

N.ro LXVIII. Nom. *Ordinaire, à petites taches, de Trapani.*

Les Qualités, & la Nature de ce marbre sont à peuprès les mêmes que celles du precédent; cette substance ne différe de l'autre que parceque ses taches blanches sont un peu plus petites; & que les filamens produits par le fluide agatisant sont moins nombreux, & plus petits. Ce qui rend ce marbre un peu moins refractaire que le precédent.

N.ro LXIX. Nom. *Verdâtre, du fleuve de Cefalu.*

Qualités. Grain assés fin, Ciment puissant, couleur verdâtre.

Nature. Baze de terre Calcaire, cimentée par l'acide marin, uni à un alkali fixe très faible, colorée par une dissolution végétale peu fermentée, & affaiblie dans sa teinte par son union avec un peu de dissolution de corps animaux dans l'état de chaux.

N.ro LXX. Nom. *Verdâtre, avec veines blanches, de fleuve de Cefalu.*

Qualités. Grain assés fin, Ciment puissant, fond verdâtre, taches blanches.

Natu-

Nature. Baze de terre Calcaire, cimentée par l'acide marin, colorée par une dissolution végétale peu fermentée unie comme celle du marbre precédent à un peu de dissolution de corps animaux dans l'état de chaux; avec la seule différence que dans celui-cy cette dernière dissolution se trouvant souvent dans son état de pureté a fait des taches ou des dépôts séparés.

N.ro LXXI. Nom. *Blanc sâle, avec taches obscures, du fleuve de Bechivelle.*

Qualités. Grain très mêlangé, Ciment faible, fond blanc sâle, taches obscures.

Nature. Baze de terre Calcaire, cimentée par l'acide marin, colorée par l'union de deux dissolutions l'une provenante des corps animaux dans l'état de chaux, l'autre de la fermentation des particules composantes de la roche argilleuse pourrie. Cette derniere se trouvant en surabondance non seulement a formé des dépôts separés, mais a encore teint les dépôts formés par la premiere, & a donné au fond de ce marbre une nuance blanche jaunâtre. Ce marbre à cause de l'abondance des particules argilleuses mêlées avec les Calcaires serait de la classe des marbres refractaires.

N.ro LXXII. Nom. *Verd à petites veines blanches, & petites taches sanguines, du fleuve de Saint-Carlo près de Termini.*

Qualités. Grain assés fin, Ciment puissant, fond verd, veines blanches, petites taches sanguines.

Nature. Baze de terre Calcaire, cimentée par l'acide marin, colorée par une dissolution végétale peu fermentée, les veines blanches proviennent d'une infiltration de dissolution de corps animaux dans l'état de chaux; & les taches sanguines paraissent devoir leur origine à une teinture d'Or de Cassius, mais n'ayant à cet égard obtenu aucun résultat certain, je ne puis donner cela que comme une simple conjecture.

N.ro LXXIII. Nom. *Verd à grosses veines blanches, avec taches vertes foncées & petits points, de couleur de sang.*

Qualités. Grain mêlangé, Ciment assés puissant, fond verd, veines blanches, petits points couleur de sang.

Nature. Baze de terre Calcaire, cimentée par l'acide marin

rin & un peu d'alkali fixe, colorée par une diſſolution végétale peu fermentée. Les veines blanches ſont dues à une tranſſudation d'une diſſolution de corps animaux dans l'état de chaux. Les petits points ſanguins, ſuivant toute apparence, ſont de la Nature de ceux que produits la teinture d'Or de Caſſius, mais j'ai à leur égard auſſi peu de certitude qu'à l'Egard des premiers. Ce qu'il y a de ſur, c'eſt que les parties Compoſantes des taches ſanguignes du numero 71. & les points ſanguius de celui-cy ſont refractaires.

N.ro LXXIV. Nom. *Héliotrope Sicilien, du Duché de la Verdura.*

Qualités. Grain aſſés fin, Ciment puiſſant, fond verd foncé, petits points & taches jaunes obſcures.

Nature. Baze de terre Calcaire, cimentée par l'acide marin & un peu d'alkali fixe, colorée par une diſſolution végétale très fermentée, dans le ſein de la quelle une diſſolution de roche pourrie a formée des infiltrations, & des dépôts ſéparés. Il ne faut point confondre ce marbre nomme Héliotrope, à cauſe de ſa reſſemblance avec une autre ſubſtance de ce nom, qui eſt le vrai Héliotrope, dont nous traiterons dans le chapitre des produits tenans à la terre Refractaire.

N.ro LXXV. Nom. *Marbre ondé de verd clair jaunâtre, & de verd foncé, du fleuve de Saint-Calogero près de Sciacca.*

Qualités. Grain très mêlangé, Ciment puiſſant, fond ondé de verd clair jaunâtre, ramages verds foncés.

Nature. Baze de terre Calcaire cimentée par l'acide marin, colorée par le mélange de deux diſſolutions, l'une végétale très peu fermentée, & l'autre ſoumiſe à une fermentation violente. Dans la premiére a infiltrée une autre diſſolution de roche pourrie, & dans la ſeconde on apperçoit une légére admiſſion de diſſolution de corps animaux dans l'état charboneux.

N.ro LXXVI. Nom. *Gris blanchâtre, approchant de la Bardille de Gênes; de Sciacca.*

Qualités. Grain aſſés fin, Ciment puiſſant, couleur mêlangée de gris, & de blanc.

Nature. Baze de terre Calcaire, cimentée par l'acide marin, colorée par la diſſolution de corps animaux dans l'état de

chaux

chaux mêlangée avec la dissolution de corps animaux dans l'état charboneux à parties égales, à ce qu'il parait.

N.ro LXXVII. Nom. *Ordinaire; de Bilemi.*

Qualités. Grain mêlangé, Ciment puissant, fond gris; taches foncées, & blanches.

Nature. Baze de terre Calcaire, cimentée par l'acide marin, colorée par le mêlange d'une dissolution de corps animaux dans l'état de chaux, avec une dissolution de corps animaux dans l'état charboneux, les taches foncées proviennent d'une infiltration de dissolution de roche pourrie mêlée légérement avec la dissolution de corps animaux dans l'état de chaux qui, de distance en distance, a formé des dépôts séparés dans son état de pureté naturelle.

N.ro LXXVIII. Nom. *Marbre couleur de tabac d'Espagne clair; de Castellaccio, audessus de Mont-real.*

Qualités. Grain assés fin, Ciment puissant, couleur de tabac, fond jaunâtre.

Nature. Baze de terre Calcaire, cimentée par l'acide marin, colorée par une dissolution de roche pourrie mêlangée avec une dissolution de corps animaux dans l'état de chaux, & une autre dissolution de corps animaux dans l'état charboneux, avec sur abondance cependant de dissolution de roche pourrie.

N.ro LXXIX. Nom. *Fond gris, à taches obscures, & à veines jaunes; de Bilemi.*

Qualités. Grain mêlangé, Ciment puissant, fond gris, taches obscures, grandes veines jaunes.

Nature. Baze de terre Calcaire, cimentée par l'acide marin, colorée par une dissolution de corps animaux dans l'état de chaux, mêlangée avec une autre dissolution de corps animaux dans l'état charboneux. Les taches obscures de ce marbre proviennent d'une dissolution de roche pourrie renforcée en teinte par son union avec quelques particules de dissolution de corps animaux dans l'état charboneux. Les veines jaunes viennent d'une infiltration très abondante de dissolution de moëllon jaune.

N.ro LXXX. Nom. *Bréche claire à reflèts; de Castellaccio.*

Qualités. Grain très fin, Ciment puissant, couleur mêlangée de différentes nuances.

Na-

Nature. Baze de terre Calcaire cimentée par l'acide marin, colorée par un mêlange de différentes dissolutions réunies ensemble, toutes Calcaires, cepedant ce sont celles des corps animaux dans l'état de chaux, & celles de moëllon rouge avec un peu de dissolution de corps animaux dans l'état charboneux qui dominent le plus. Ce mêlange produit une nuance très belle, & le grain salin du marbre étant à facettes assés plattes, dans l'état de sa crystallisation naturelle presente à l'œil des iris très agréables.

N.ro LXXXI. Nom. *Brèche obscure; de Castellaccio.*

Qualités. Grain assés fin, Ciment puissant, couleur obscure dans le fond, taches plus claires.

Nature. Baze de terre Calcaire, cimentée par l'acide marin, colorée par une dissolution de roche pourrie dont la teinte a été affaiblie dans les taches par l'union de cette dissolution avec une autre de corps animaux dans l'état de chaux.

N.ro LXXXII. Nom. *Brèche batarde à grains de Silex, des environs de Palerme.*

Qualités. Grain mêlangé, Ciment puissant, fond obscur tirant sur le noir, grains de Silex détachés.

Nature. Baze de terre Calcaire, cimentée par l'acide marin, & un peu d'acide vitriolique, colorée par une dissolution de roche pourrie mêlée à parties égales avec une dissolution de corps animaux dans l'état charboneux. Les grains de Silex sont des fragmens d'une roche siliceuse, par conséquent refractaire, étant de la nature des Silex crétacés, que le hazard aura introduit & logé dans le sein de cette masse apparemment avant sa condensation.

N.ro LXXXIII. Nom. *Brèche jaune à grains plus clairs siliceux; de Trapani.*

Qualités. Grain mêlangé, Ciment puissant couleur jaune, grains siliceux transparent.

Nature. Baze de terre Calcaire, cimentée par l'acide marin, colorée par une dissolution de moëllon jaune; dans le sein de la masse de ce marbre flottent des particules siliceuses transparentes, également placées par le hazard comme celles

celles du numero precédent, mais de la nature des filex Vitrifiables.

N.ro LXXXIV. Nom. *Bréche grise; des environs de'i Collì.*

Qualités. Grain fin mais mêlangé, Ciment puissant, couleur grise à nuances.

Nature. Baze de terre Calcaire cimentée par l'acide marin, colorée par une dissolution de corps animaux dans l'état de chaux unie à une dissolution de corps animaux dans l'état charboneux. Les différentes combinaisons des mêlanges de ces deux dissolutions ont produit les diversités qui ont fait donner le nom de bréche à ce marbre.

N.ro LXXXV. Nom. *Bréche Grise à petits grains, espéce de Pudingston à une seule couleur & à trois nuances.*

Qualités. Grain très mêlangé mais fin, Ciment puissant, couleur grise dans le fond, à petits grains blanchâtres, & trois nuances faibles dans la masse; une jaune, une obscure, & une noire.

Nature. Baze de terre Calcaire cimentée par l'acide marin, colorée par une dissolution de corps animaux dans l'état de chaux mêlée avec une dissolution de corps animaux dans l'état charboneux. Les grains blanchâtres sont des grumaux formés dans le moment de la condensation par une déssication non égale des dépôts de la dissolution de corps animaux dans l'état de chaux. Les trois nuances proviennent des dépôts formés séparement par trois substances différentes, par la dissolution du moëllon jaune, pour les taches jaunes, par la dissolution de roche pourrie, pour les taches obscures, & par une dissolution de corps animaux dans l'état charboneux, pour les taches noires. Ce marbre est très beau, dommage qu'il soit si rare?

N.ro LXXXVI. Nom. *Bréche grise foncée à veines blanches, autre espéce de Pudingston, des Environs de'i Collì.*

Qualités. Grain mêlangé, Ciment puissant, fond gris, veines blanches.

Nature. Baze de terre Calcaire cimentée par l'acide marin, colorée par une dissolution de corps animaux dans l'état de chaux unie à une autre dissolution de corps animaux dans l'état l'état charboneux. La surabondance de la premiére dissolution non seulement modifie l'action de la seconde, en rendant le fond d'une couleur grise claire très belle, mais encore par des infiltrations considérables dans le corps de la masse y a formé de grosses veines blanches. L'irrégularité de la condensation forme dans ce marbre les mêmes accidens que dans celui du numero 83.

N.ro LXXXVII. Nom. *Verd clair, avec taches vertes plus foncées; de Salonichi.*

Qualités. Grain assés fin, Ciment puissant, fond verd clair, taches vertes foncées.

Nature. Baze de terre Calcaire cimentée par l'acide marin, colorée par une dissolution végétale un peu affaiblie dans sa teinte par son mêlange avec un peu de dissolution de corps animaux dans l'état de chaux; les taches vertes foncées proviennent de la même dissolution végétale mais pure & un peu fermentée.

N.ro LXXXVIII. Nom. *Blanc sâle, avec taches & lignes noires; du Térritoire de l'Alia.*

Qualités. Grain très mêlangé, Ciment assés puissant, fond blanc sâle, lignes noires.

Nature. Baze de terre Calcaire cimentée par l'acide marin, colorée par une légére transsudation de dissolution de roche pourrie dans un dépôt considérable de dissolution de corps animaux dans l'état de chaux qui fait la Baze de ce marbre, les lignes noires sont produites par une infiltration de dissolution de corps animaux dans l'état charboneux.

N.ro LXXXIX. Nom. *Marbre nuancé de rouge, avec de grandes taches couleur de Calcedoine, du fleuve de Niso.*

Qualités. Grain très mêlangé, Ciment puissant, fond à plusieurs nuances rouges, taches de Calcedoine.

Nature. Baze de terre Calcaire cimentée par l'acide marin, colorée par une dissolution de moëllon rouge modifiée dans ses teintes par son mêlange avec deux autres dissolutions que l'œil a peine à reconnaître, mais dont les toucheaux chimiques garantissent la presence. L'une est celle du moëllon jaune, & l'autre celle de la roche pourrie. Les taches couleur

de

de Calcedoine provenant d'un dépôt de fluide agatiſant combiné avec quelques particules de diſſolution de corps animaux dans l'état de chaux. Ce qui rend ces parties reffractaires, tout le reſte étant abſolument Calcaire.

CLASSE V.

Des Albâtres.

La ſubſtance connue ſous le nom d'Albâtre n'a point la dureté, ni la force du ciment qui lie les parties compoſantes du marbre, mais en revanche ſes particules ſont plus fines, plus compactes, plus liſſes, & plus brillantes. Sa maſſe eſt tendre & eſt ſuſceptible d'un beau poli. On a crû juſqu'à preſent que l'albâtre ne ſe formait qu'en ſtalactites, mais quoi qu'il ſoit d'une nature à peu prés la même, il varie dans ſes dépôts; tantôt on en voit en pains de ſucre pendans & attachés à la voute d'une grotte, tantôt il s'en rencontre en ſauts, tantôt en rognons, & tantôt en couches comme le marbre. L'Albâtre eſt d'ordinaire de couleur blanche; mais l'admiſſion de différentes diſſolutions colore bien ſouvent cette matiére, quelquefois en plein, & quelquefois en ramages; Suivant que le fluide coloriſant détrempe, ou bien pénétre ſeulement la ſubſtance. Quoique les albâtres de Sicile n'ont point le prix de ceux de l'Orient, ils n'en ſont pas moins admirables à cauſe de leur varié-té, & de la beauté de la plupart des eſpéces; voici les principales.

N.ro I. Nom. *Albâtre blanc à grains ſalins, de Trapani.*

Qualités. Grain trés fin, Ciment faible, couleur blanche. grain ſemblable à celui du beau marbre de Carrare.

Nature. Baze de terre Calcaire cimentée par l'acide marin, uni à l'acide phoſphorique, colorée par une diſſolution de corps animaux dans l'état de chaux ſinguliérement attenuée, par la tranſſudation au travers d'une pierre quelconque, comme au travers d'un tamis; enſuite cryſtalliſée reguliérement à raïons ou à petites facettes, plus épaiſſes que les lames micacées ou talqueuſes, mais auſſi brillantes.

N.ro II. Nom. *Blanc ſâle, de Trapani.*

Qualités. Grain mêlangé, Ciment faible, couleur blan-

 che

che sâle, grain salin mais moins brillant que celui de l'albâtre précédent.

Nature. Baze de terre Calcaire cimentée par l'acide marin, uni à l'acide phosphorique, colorée comme celle de l'espéce précédente, avec la seule différence que dans la masse de cet albâtre cy, encore avant sa condensation a transsudé dans le corps du dépôt une dissolution de roche pourrie qui a sali la pureté de la teinte blanche naturelle, & parconsequent a terni l'éclat des facettes du grain de cette substance.

N.ro III. Nom. *Obscur, veiné de jaune & brun, du territoire de Saguna.*

Qualités. Grain assés fin, Ciment faible, couleur obscure, veines jaunes & brunes.

Nature. Baze de terre Calcaire cimentée par l'acide marin, uni à l'acide phosphorique, colorée par une dissolution de roche pourrie. Les veines jaunes proviennent de l'infiltration d'une dissolution de moëllon jaune, & les brunes d'un mélange de la dissolution de roche pourrie avec un peu de dissolution de corps animaux dans l'état charboneux.

N.ro IV. Nom. *Ondé de rouge vif, avec veines jaunes & lignes couleur de sang; des environs de Mont-Real.*

Qualités. Grain trés fin, Ciment faible, fond rouge, veines jaunes, lignes couleur de sang.

Nature. Baze de terre Calcaire cimentée par l'acide marin, uni à l'acide phosphorique, colorée par une dissolution bollaire très ferrugineuse, les veines jaunes de cet albâtre doivent leur origine à une dissolution de moëllon jaune, les veines sanguines sont un produit de la dissolution ferrugineuse bollaire de la baze; mais leur teinte est plus avivée par l'extrême finesse des parties composantes leur substance.

N.ro V. Nom. *Veiné de jaune clair & de blanc sâle; du territoire de Caputo.*

Qualités. Grain mélangé, Ciment faible, couleur mélangée de jaune & de blanc sâle.

Nature. Baze de terre Calcaire cimentée par l'acide marin uni à l'acide phosphorique, colorée par une dissolution de corps animaux dans l'état de chaux, mélangée avec une autre dissoluſolution de moëllon jaune. Ce mêlange n'a point été fait enſemble, mais à divers tems, ce qu'on voit aiſément aux couches que forment les deux teintes.

N.ro VI. Nom. *A Veines étroites jaunes foncées, & d'autres noires & obſcures; du Mont Pellegrino.*

Qualités. Grain aſſés fin, Ciment faible, couleur mêlangée de veines jaunes foncées, & obſcures.

Nature. Baze de terre Calcaire cimentée par l'acide marin uni à un acide phoſphorique, colorée par le mêlange de pluſieurs diſſolutions unies enſemble en différens tems; on y diſtingue principalement celle de moëllon jaune un peu fermentée; celle des corps animaux dans l'état charboneux; & celle de Roche pourrie.

N.ro VII. Nom. *Obſcur à taches jaunes & veines blanches, du Mont Pellegrino.*

Qualités. Grain aſſés fin, Ciment faible, couleur mêlangée de taches jaunes & de veines blanches.

Nature. Baze de terre Calcaire cimentée par l'acide marin uni à l'acide Phoſphorique, colorée par un mêlange de diſſolution de moëllon jaune,& par celle des corps animaux dans l'état de chaux; cependant avec une ſurabondance marquée de la ſeconde.

N.ro VIII. Nom. *Ondé de jaune & de blanc; du Mont Pellegrino.*

Qualités. Grain aſſés fin mais mêlangé, Ciment un peu plus puiſſant que celui des eſpéces précédentes, couleur mêlée d'ondes jaunes & blanches.

Nature. Baze de terre Calcaire cimentée par l'acide marin uni à l'acide phoſphorique, colorée par les mêmes deux diſſolutions qui ont influées ſur la teinte de l'eſpéce precédente. La ſeule différence qu'on peut obſerver entre ces deux albâtres, c'eſt que dans celui cy les deux diſſolutions ſe trouvent à peu près en quantité égale, & que leurs dépôts ſe ſont trouvés unis dans un état de condenſation imparfaite que l'on reconnait aiſément aux ondes.

N.ro IX. Nom. *Blanc ſâle, avec lignes rouges & jaunes, du Mont Pellegrino.*

 Qua-

Qualités. Grain mêlangé, Ciment faible, couleur blanche sâle, veines rouges & jaunes.

Nature. Baze de terre Calcaire cimentée par l'acide marin uni à un acide phosphorique un peu faible, colorée par une dissolution de corps animaux dans l'état de chaux mais un peu fermenté; les lignes rouges proviennent d'une infiltration d'une dissolution de moëllon rouge, ainsi que les jaunes doivent leur origine à celle du moëllon jaune,

N.ro X. Nom. *Jaune clair, avec lignes rouges, & d'autres obscures; du Mont Pellegrino*.

Qualités. Grain mêlangé, mais assés fin en géneral, ciment un peu plus puissant, couleur jaune claire, veines rouges & obscures.

Nature. Bâze de terre Calcaire cimentée par l'acide marin, uni à un acide phosphorique plus fort que celui de l'espéce precédente, colorée par une dissolution de moëllon jaune très délaiée, & affaiblie dans sa teinte par son mêlange avec un peu de dissolution de corps animaux dans l'état de chaux. Les veines rouges sont l'effet d'une infiltration de dissolution de moëllon Rouge, & les obscures de celle de roche pourrie.

N.ro XII. Nom. *Albâtre couleur de chair; de Trapani*.

Qualités. Grain trés mêlangé, ciment faible, couleur tirant sur la couleur de chair, taches bleuâtres.

Nature. Cet albâtre a la même couleur, les mêmes taches, & les mêmes ramages que le marbre couleur de chair de la plaine des Grecs décrit au numero 46. il n'en diffère que par les qualités constituantes qui diversifient les marbres des albâtres: comme il est plus velouté dans son poli, que le marbre de cette espéce, les Artistes le préferent dans l'usage des Crucifix, des Ecce-Homo &c. Les dépôts de cet albâtre ne passent guerres en étenduë la longueur des couches du marbre de cette espéce. La plus grand bloc, que j'en ai vu ne passait point deux palmes & demie.

N.ro XII. Nom. *Albâtre veiné de brun à fond jaune clair; de Malthe*.

Qualités. Grain assés égal, ciment faible, fond jaune clair, veines brunes.

Natu-

Nature. Baze de terre Calcaire cimentée par l'acide marin uni à l'acide phoſphorique, colorée par une diſſolution de moëllon jaune très commun à Malthe, les taches brunes paraiſſent au premier coup d'œil provenir d'une diſſolution de roche pourrie, mais elles doivent en effet leur origine à une diſſolution de corps animaux dans un état de chaux très fermentée,& mêlangée avec une diſſolution de corps animaux dans l'état charboneux.

N.^ro XIII. Nom. *Jaune clair, à petites taches blanches; de Malthe*.

Qualités. Grain aſſés fin, Ciment faible, couleur jaune claire, taches blanches.

Nature. Baze de terre Calcaire cimentée par l'acide marin, uni à l'acide phoſphorique. colorée par une diſſolution de moëllon jaune. Les taches blanches ſout un produit des dépôts ſéparés formés par une diſſolution de corps animaux dans l'état de chaux.

N.^ro XIV. Nom. *Jaune couleur de citron, en forme de congellation, de Malthe*.

Qualités. Grain aſſés fin, ciment très faible, couleur jaune de citron, tiſſu écaillé en forme de congélation.

Nature. Baze de terre Calcaire cimentée par l'acide marin uni à l'acide phoſphorique: Colorée par une diſſolution ferrugineuſe très délayée & très mêlangée avec celle des corps animaux dans l'état de chaux. Les plus célébres Naturaliſtes ont crû pouvoir rendre raiſon de la formation des panaches qui embelliſent la plupart des Albâtres Orientaux; en diſant que c'était au moïen des gouttes colorées tombantes par des routes ſéparées ſur un fluide demi condenſé que naiſſaïent ces yeux, ces cercles, ces ondes qui captivent nos ſuffrages dans ces ſortes de ſubſtances. Mais perſonne encore, au moins que je le ſache, n'a expliqué le phénoméne des écailles, qui ſemblent être une des qualités caractériſtiques du tiſſu des albâtres. Ne pourrait on pas l'attribuer à la faibleſſe du ciment qui lie les parties compoſantes de cette ſubſtance; & ſurtout à la double proprieté de la terre Calcaire d'abſorber une humimidité quelconque avec avidité, & à la lâcher aussi facilement qu'elle s'en empare. Action qui produit naturellement un desséchement trop violent, & fait éclater facilement une substance devenue aride, par l'absence du glutten nécessaire à la liaison reciproque des particules constituantes un tout quelconque. Ce Phénoméne me rappelle un autre non moins intéressant, dont l'explication peut à peu prés s'étaïer des mêmes principes. Dans le Palais Borghése, à Rome, on fait voir un morceau de marbre blanc à peu près de 3. pieds de longueur, sur un pied de largeur, & un pouce & demie d'epaisseur, auquel on donne le nom d'élastique, parce qu'il plie & se redresse du moment que la pression cesse. Beaucoup de Naturalistes ont cherchés à rendre raison de cette propriété singuliére, mais aucun d'eux, à ce qu'il me semble, n'a donné encore la solution de ce problême. M.r l'Abbé de Sauvages qui l'a examiné le premier, suivant le rapport de M.r de la Lande; jugea que, c'était *un marbre qui par son antiquité, & par l'effet de l'air avait perdu la partie glutineuse & séche qui s'opposait au déplacement des parties*. Mais le célébre Astronome Littérateur me pardonnera si je combats une opinion qu'il a adoptée, ou qu'il a bien voulu rapporter simplement.

I. Le contact immédiat de l'air désunit les partiés du marbre, cela n'est que trop vrai, mais il ne lui fait point perdre sa matiére glutineuse.

II. J'ignore qu'est-ce *qu'une partie séche qui s'oppose au deplacement des parties*. Si c'est le ciment des parties composantes qu'on a voulu désigner, c'est encore vrai. Mais on me permettra d'observer que l'air par lui même ne peut point opérer cette dissolution; ce n'est qu'en servant de dissolvant à l'eau qu'il agit sur une matïére Calcaire naturellement portée à absorber une humidité quelconque presentée imédiatement à ses pores.

Je conclus de là, que le seul conctat de l'air n'aurait point pû opérer ce changement, vû que l'eau à la quelle il sert de dissolvant ne se trouve jamais dans une quantité suffisante pour pénétrer bien avant dans le corps d'une masse un peu épais-

épaisse (*a*) il faut donc que ce bloc ait été exposé à l'action lente mais progressive d'une eau stagnante dans quelque bas fond. Ce liquide, petit-à-petit, aura délayée la partie glutineuse du ciment, & en séparant les parties constituantes, les aura réduites dans l'état de friabilité, si j'ose le dire. Quant à son élasticité, on devrait l'attribuer à un principe tout different, si c'etait une vraie élasticité; mais ce n'est qu'une flexibilité provenue naturellement de l'affaiblissément du tout, & du peu d'union des parties, qui, seule constituë la solidité & la force d'un corps quelconque.

Le contact immédiat de l'air opère un autre phénomène sur les produits tenants à la terre Calcaire, il les réduit, à l'apparence, dans un état farineux par la désunion des parties composantes les premières couches du bloc exposées à son action. Par l'éxamen des colonnes de marbre réduites dans cet état, & leur comparaison avec le marbre de la Gallerie Borghése, on peut aisément connaître la différence des principes, ou plutôt des agens de ce nouvel état.

Il y a eu des personnes, pour lesquelles, tout ce qui sort de l'état ordinaire de la marche de la Nature, est un effet de Volcans; qui ont attribué l'état de ce marbre à un désséchement subit des parties glutineuses de cette pierre, & à leur calcination par l'action du passage de quelque lave sur ce bloc. Mais ce raisonnement ne peut poser sur aucun fondement. Car si cette pierre eut été de nature vitrifiable, le contact d'un feu aussi violent en eut fait un morceau de verre; de nature Calcaire, elle eut été entierement réduite en chaux. Cette substance n'etant ni dans l'un, ni dans l'autre de ces états, il est

(a) *Le morceau de marbre que j'ai décrit cy dessus n'a pas été trouvé dans l'état dans le quel on le fait voir aujourd'hui. Ce n'est que la 3. partie d'une corniche antique découverte à Monte Dragone à Frascati, en 1763. qu'on scia pour en faire des tables. La piéce que l'on fait voir ordinairement aux Etrangers est la plus fléxible de toutes, mais il est bon d'obsérver qu'une bonne partie de sa fléxibilité provient d'une crevasse qui se trouve précisement à la motié de la table. J'ai exposé à l'action des acides un morceau de cette pierre, & l'effervescence a été à peine sensible. Ce que je regarde comme une preuve très forte de mon sentiment à ce sujet; cette pierre se trouvant dans l'état de la chaux eteinte.*

il eſt viſible que ce n'eſt point cette cauſe, qui a pû influer ſur ſa nouvelle métamorphoſe, & je ne crois pas qu'on puiſſe l'attribuer à une autre, qu'a celle du contact immédiat d'une eau ſtagnante; ainſi que je l'ai expliqué cy-deſſus.

N.ro XV. Nom. *Albâtre ondé de noir, de blanc, & d'obſcur, de Malthe.*

Qualités. Grain aſſés fin, Ciment faible, couleur à ondes noires, blanches & obſcures.

Nature. Baze de terre Calcaire cimentée par l'acide marin uni à un alkali puiſſant, & à l'acide phoſphorique. Colorée par trois diſſolutions unies enſemble dans un état de demie condenſation. Celle des corps animaux dans l'état de chaux ſe trouve cependant en ſurabondance, & domine ſur celle de roche pourrie, & ſur celle des corps animaux dans l'état charboneux, qui ſont, à peu près, à quantités égales.

N.ro XVI. Nom. *Albâtre jaune Clair, avec petites taches blanches, de Malthe.*

Qualités. Grain fin, Ciment plus puiſſant, couleur jaune claire, petites taches blanches.

Nature. Baze de terre Calcaire cimentée par l'acide marin uni à l'acide phoſphorique; colorée par une diſſolution ferrugineuſe abondante mais faible en couleur; dans le ſein de laquelle, déja à demie condenſée, ſe ſont formés de petits dépôts ſéparés de diſſolution de corps animaux dans l'état de chaux.

CLASSE VI.

Des Stalactites, des Stalagmites, des Stéléchites, & des Oſtéocoles.

Quoique la Sicile ſoit très arroſée d'eaux de différentes natures, les Stalactites, les Stalagmites, & toutes les autres ſubſtances qui doivent leur origine à des dépôts formés par infiltration ne ſont pas trop abondantes. Dans toute la Sicile il ne ſe trouve pas une Grotte dans le gout de celle de la Balme en Dauphiné, de la Balme en Chablais, & de tant d'autres ainſi décorées. Cependant dans les fiſſures des rochers, & dans de petites Grottes de peu d'apparence, on trouve les qualités ſuivantes.

N.ro I.

N.ro I. Nom. *Stalactites blanches laiteuses, des environs de Sainte Catherine.*

Qualités. Grain fin, Ciment assés puissant, couleur blanche, couches excentriques, figure conique.

Nature. Crystallisation aqueo-terreuse à baze de terre Calcaire, cimentée par une acide phosphorique très puissant, colorée par la teinte naturelle de leur parties composantes, qui proviennent de la dissolution des corps animaux dans l'état de chaux.

N.ro II. Nom. *Stalactites brunes des environs, de Syracuse.*

Qualités. Grain mêlangé, mais asses fin en général, ciment faible, couleur brune, figure conique, couches inégales.

Nature. Crystallisation aqueo-terreuse à baze de terre calcaire, cimentée par un acide phosphorique très faible, colorée par un dissolution de tuf calcaire un peu fermentée.

La déscription de ces deux espéces peut servir à la connaissance de toutes les Stalactites de la Sicile.

Les *Stalagmites* ne différent des Stalactites qu'en ce qu' elles ont leur accroissance en contre-haut, ou à l'oposite des Stalactites qui l'ont en contre-bas, c'est-à-dire, quelles sont attachées aux parois, tandis que les Stalactites pendent de la voute. Quant au reste c'est la même nature, elle est même plus égale dans ce pays, qu'en Dauphiné, en Suisse &c. ou la plupart des stalagmites sont fleuries, ou à têtes de choux.

Les *Stelechytes*, ou incrustations Topheuses sont très communes en Sicile, mais comme elles n'offrent rien de remarquable dans leurs variétés, je n'en décrirai qu'une pour faire connaître sa nature.

N.ro III. Nom. *Stelechyte brune jaunâtre de Centorbi.*

Qualités. Grain mêlangé, quoique fin, Ciment faible, couleur brune, figure ramifiée, couches inégales.

Nature. Baze de terre Calcaire cimentée par l'acide phosphorique uni à un alkali fixe asses puissant; colorée par une dissolution de roche pourrie. Ces incrustations se font par juxtaposition: Ces couches sont autant de dépôts nouveaux étendus par une eau courrante sur des plantes, ou sur des broussailles: le corps végétal se décompose avec le tems, & les couches pierreuses durcies avant cette décomposition restent avec la con-

configuration que ce corps leur a fait prendre dans le moment de la formation.

L'ostéocole que bien des Auteurs ont confondus avec la Stélechite, est une incrustation toute différente, on en trouve particuliérement à la Trizza, & aux environs de Jaci Reale. C'est une substance également calcaire, mais d'un grain inégal, souvent même impur, les flots de la mer, est les vagues des rivieres chargées de cette dissolution l'apportent, & la déposent sur la plage, & sur les rochers, dans un état d'ecume. Avec le tems cette substance se durcit, mais quoique dans le déséchement les parties se rapprochent, le tout pour l'ordinaire conserve une certaine porosité due aux bulles d'air qui se sont logées dans la masse de la dissolution, encore dans un état demi liquide. Cela produit des configurations tout à fait particuliéres, & bien souvent des ramifications qui font croire que ces incrustations ont été faites sur des corps végétaux; c'est là l'origine de l'erreur qui a fait confondre l'ostéocole avec la Stélechyte.

CLASSE VII.

Des Lumachelles.

L'on a bien longtems confondu cette substance avec le marbre Coquiller dont il est tant de varietés en Allemagne, en Suisse, en France &c. Le marbre coquiller, est un marbre dans le sein duquel se trouveront par hazard quelque coquilles, comme le marbre ammonite d'Altorf, ainsi nommé à cause des cornes d'Ammon qu'on trouve dans son tissu; comme la pierre de l'Isle d'Oeland remplie d'Orthocéracites; comme le marbre de val d'Olioule nouvellement découvert près de Toulon &c. Au lieu que la Lumachelle est une pierre toute composée de coquilles, les mieux conservées sont très apparentes à l'œil, & toutes celles que le frottement, ou la décomposition ont altérées, forment le corps même de la pierre. De cette espéce sont.

N.ro I. Nom. *Lumachelle grise de Trapanì*.

Qualités. Grain inégal, Ciment fort, couleur grise, parties blanches.

Natu-

Nature. Amas de coquilles, parmi lesquelles abondent principalement les Entroques, les Belemnites, les Cames, & les Peignes. Deposées par la mer dans un endroit, par leur propre poids, elles se sont brisées les unes les autres, & par là se sont touvées dans un plus grand rapprochement: Bientôt la dissolution de la plupart d'elles a rempli les interstices, & a formé les parties blanches qu'on observe dans ces pierres. La fermentation opérant sur une grande partie de ces corps, a produit une dissolution à peu près de la nature de celle que nous avons reconnu assimiler à l'état charboneux des corps animaux. Cette dissolution a filtré à travers la masse, & s'unissant à la dissolution des corps animaux dans l'état de chaux, a formé cette teinte grise qui est celle de cette pierre presque en général.

N.ro II. Nom. *Lumachelle grisâtre de Cefalu* (a).

Qualités. Grain inégal, Ciment asses puissant, couleur grise foncée, parties brunes.

Nature. Amas de coquilles triturées comme celles qui composent le tissu de la Lumachelle precédente, & colorées à peu près de même, avec la différence que dans celles cy on remarque quelques tâches brunes, que je crois provenir d'une dissolution de roche pourrie.

On voit encore en Sicile quelques autres Lumachelles entre-autres celles du mont Bilemi, mais je n'en parle point dans cet article, car elles se confondent avec les marbres coquillers, & comme la distinction entre ces substances n'est point asses frappante, je m'en tiens à ce que j'en ai dit en parlant des marbres de Bilemi.

(a) *Je n'ai pas pu voir à Cefalu les Carrieres de cette Lumachelle, cet endroit n'en fournissant plus depuis un tems considérable, mais on voit encore à présent dans l'Eglise de l'Abbaye de Saint-Martin près de Palerme les dégrés du grand Autel, & ceux par lesquels on passe de la Nef au Coeur, qui sont faits de cette pierre, & qui viennent de Cefalu, suivant qu'on le peut voir dans les Registres de cette Maison. Je tiens cette notte du R. P. Don Salvatore de Blasi, savant Bénédictin, & Directeur du Museum de cette Maison, Littérateur & Naturaliste connu dans la République des Lettres par plusieurs Ouvrages très utiles à sa Patrie, entre autres par une Lettre adressée aux Auteurs de l'Enciclopedie sur l'omission de quelques Articles interessans de la Sicile.*

CLASSE VIII.

Des Spaths Calcaires.

Les Spaths ſont de pluſieurs qualités ; il en eſt de fluors ou fuſibles, ſur l'article deſquels je me ſuis aſsès étendu dans le chapitre precédent ; il en eſt de gypſeux, dont je traiterai à la ſuite des produits tenants à la terre Reffractaire ; il y en a d'igneſcents, & de quartzeux que je regarde comme une variété de la premiére eſpéce ; enfin il en eſt de Calcaires, que l'on connait ſous la ſimple dénomination de Spaths. Pour l'ordinaire tous les Spaths ſont compoſés de particules pyramidales, ou parallélepipédes, à ſurfaces uniés. Leur couleur eſt preſque toujours blanche, mais on en voit qui ſont teints différemment auſſi, ſuivant qu'ils ont étés plus, ou moins expoſés à l'action des vapeurs de quelque métal.

Le Spath Calcaire à toutes ces qualités caractériſtiques, joint encore celles, de petiller dans le feu, de ſe diviſer en atômes à figures rhomboïdales éxactement prononcées, de faire efferveſcence avec les acides, de ne point ſe diſſoudre dans l'eau ; enfin il a toutes les qualités qui diſtinguent véritablement les produits tenans à la terre Calcaire.

Quoique d'après les expériences de Walerius, de Henkel, & d'autres Chymiſtes, le Spath ſoit regardé comme étant de la nature des pierres, & doive ſa formation à l'union de l'eau, & d'une ſubſtance alkaline unie à une baze de terre Calcaire, néanmoins il parait qu'il a dans ſon principe quelque analogie avec les métaux ; & particuliérement avec les métaux blancs. Il n'eſt point de mines dans tel pays que ce ſoit, ou le Spath ne ſerve de gangue au minerai de l'argent, à celui du plomb, & même ſouvent à celui du cuivre ; quoique pour l'ordinaire ce dernier métal ſemble avoir plus d'affinité avec le quartz. On en trouve auſſi de pur, abſolument ſéparé de tout métal & auquel à ſon tour une pierre de roche ſert de gangue. Mais j'ai obſervé que jamais ce dernier Spath n'était auſſi beau que celui dans le ſein duquel ſe formaïent les métaux. Cette queſtion n'a pas encore eu de réponſe, & je crois qu'elle n'en aura pas encore

core de si-tôt. Voici les principales espéces des Spaths Calcaires de la Sicile.

N.ro I. Nom. *Spath en Colonnes, de Santa Caterina.*

Qualités. Grain très fin, Ciment faible, Couleur blanche, configuration en Colonnes, surfaces lisses.

Nature. Baze de terre Calcaire, cimentée par un alkali puissant; colorée par la teinte naturelle de ces parties composantes; offrant à l'œil une configuration en colonnes, suivant la tendence naturelle de ces particules à une crystallisation parallélepipéde oblongue. Le lisse de ces surfaces ne peut s'attribuer qu'au repos dans lequel se crystallisent ces parties dans un fluide quelconque.

N.ro II. Nom. *Spath pyramidal triangulaire, de Centorbi.*

Qualités. Grain mêlangé, Ciment asses puissant, Couleur jaunâtre, configuration triangulaire, surfaces rabotteuses.

Nature. Baze de terre Calcaire, cimentée par l'union d'un alkali puissant combiné avec un acide vitriolique chargé de Principes ferrugineux; colorée par la dissolution ferrugineuse qui a concourrue à rendre son ciment plus fort; devant sa configuration prismatique triangulaire, à l'arrangement des particules pyramidales, qui sont dans cette substance aussi abondantes que les parallélepipédes oblongs. Enfin ayant une surface raboteuse à cause des continuelles évaporations des Principes ferrugineux qui entrent dans la composition du tout. J'ai fait à cet égard une expérience, que je ne crois pas inutile de rapporter ici pour garantir mon assertion.

Après avoir lavé avec le plus grand soin une masse assés grande de ce Spath, je le mis sur ma fenêtre, au bout d'un mois toutes les pyramides se recouvrirent d'une nouvelle couche jaunâtre, déposée sur ces triangles comme une espéce de croute très fortement attachée au Spath même. Croïant devoir attribuer cela encore à quelque cause étrangére & procédante plutôt de l'air, que du Spath même, j'emploïai un tems considérable à repolir ce morceau, & je le mis sous le recipient d'une machine Pneumatique, ayant soin, le plus souvent qu'il mérait possible, de pomper l'air qui aurait pû se glisser & détruire le vuide dans lequel je désirai que mon Spath se trouva. Au bout d'un mois, à peu

peu près, ce morceau, malgré cette précaution, se recouvrit de sa croute jaunâtre. Il faut avouer pourtant quelle n'etait point aussi haute en couleur, ni si fortement attachée au Spath. Mais on peut attribuer cela autant à l'affaiblissement des Principes ferrugineux dans ce Spath, qu'au déffaut de l'influence de l'air.

Nro. III. Nom. *Spath à crystallisation irréguliére, des environs de Mont-real.*

Qualités. Grain asses fin, Ciment faible, Couleur blanche, cofiguration indéterminée, surface raboteuse.

Nature. Baze de terre Calcaire, cimentée par un alkali quelconque; colorée par la teinte naturelle de ses parties composantes; sans configuration déterminée, car il parait que la crystallisation de ce Spath a été tumultuaire, & que les particules quoique jouissantes d'une crystallisation réguliere elles mêmes, n'ont pû s'arranger en ordre, ainsi qu'elles le font dans l'état de repos, ou du moins, dans l'état tranquille que demandent toutes les crvstallisations au moment de leur formation.

N.ro IV. Nom. *Spath à crystallisation irréguliére, en grandes masses pour l'ordinaire, mais interrompues de filons métalliques, della Limina.*

Qualités. Grain asses fin, Ciment puissant, Couleur blanche, configuration indéterminée, surface raboteuse, filons d'argent, ou bien de plomb, passant au travers de ces masses.

Nature. Baze de terre Calcaire, cimentée par un alkali puissant; colorée par la teinte naturelle de ses particules composantes, qu'on sçait provenir de la dissolution des corps animaux dans l'état de chaux; l'irrégularité dans la configuration provient également d'une crystallisation tumultuaire comme dans l'espéce precédente, avec la difference que ce Spath ci est beaucoup plus blanc & plus dur que l'autre; tous mes essais n'ont pu me rendre raison de cette différence; il faut qu'elle provienne, à ce qu'il me parait, de quelque Principe propre aux métaux que ce Spath renferme dans son sein, & qui s'y présentent tantôt en filons, tantôt en masses comme nous aurons occasion de le remarquer dans notre Minéralogie. Le peu d'arrangement des parties constituantes a produit nécéssairement la surface raboteuse

teuse que presente ce Spath de telle manière qu'on le casse.

N.ro V. Nom. *Spath Cubique, transparent, de Castrogiovanni.*

Qualités. Grain fin, Ciment puissant, Couleur blanche transparente, configuration cubique, surface lisse.

Nature. Baze de terre Calcaire, cimentée par un alkali puissant, colorée par la teinte naturelle aux corps transparens, c'est-à-dire qu'ils n'en ont aucune, car l'arrangement uniforme des parties composantes n'occasionne le brisement d'aucun raion, & par ce moïen les faisceaux lumineux passant avec facilité à travers de toute la masse, n'y font point appercevoir l'agréable magie d'une teinte quelconque. La configuration de ce Spath est cubique ainsi que le sont toutes ses parties constituantes dans lesquelles cette configuration est exactement prononcée. Cette dernière qualité de ce Spath jointe à sa transparence me l'aurait fait placer parmi les crystaux, si son tissu moins Calcaire n'eut produit dans tous mes essais une effervescence continuelle avec les acides. Sa surface est lisse à cause de la regularité de l'arrangement des particules constituantes ce Spath. Cette substance est trés rare en Sicile, tandis quelle abonde en d'autres pays. Walerius l'appelle *Spathum crystallisatum, pellucidum, polygonum.*

CHAPITRE IV.

Des produits tenants à la terre Reffractaire.

SECTION I.

Des Gyps.

LES qualités caractéristiques des pierres Reffractaires sont assés connues en général, c'est pourquoi je crois qu'il est absolument inutile de les rapporter ici, ainsi je me bornerai à l'analise seule des qualités particuliéres à chaque espéce contenue dans ce genre.

Parmi les pierres Reffractaires, le Gyps tient la première place, & même beaucoup d'Auteurs trouvant dans cette substance

ſtance toutes les marques qui caractériſent les produits de la terre Reffractaire, ont nommé ces dernières, pierres Gypſeuſes; cependant un Obſervateur exact doit mettre quelque différence entre ces différentes natures, & quoique pour l'ordinaire elles ſe reſſemblent toutes dans leurs caractéres généraux, chaque ſubſtance a des qualités propres à ſon eſpéce. Commençons par les Gyps.

N.^ro I. Nom. *Gyps à petits grains; de Girgenti, ou Agrigente.*

Qualités. Grain mêlangé mais fin, Ciment aſsès puiſſant, Couleur blanche.

Nature. Baze de terre argilleuſe & de terre marneuſe unies enſemble par un acide marin très puiſſant, qui à l'aide de l'eau a ſervi de vehicule & de ciment à ces deux ſubſtances abſolument oppoſées l'une à l'autre. C'eſt cette liaiſon qui en produiſant une Nature abſolument neutre, a réuni dans cette pierre les qualités de la terre Vitrifiable, & celles de la terre Calcaire. Mais cependant, comme dans cet alliage la premiére ſe trouve en ſurabondance, l'action du feu mettant en fuſion les parties Vitrifiables, fait admettre dans les interſtices les Calcaires, & forme un verre blanc, tel que le produirait l'adjonction d'une chaux Saturnine. Quoiques les particules compoſantes de cette ſubſtance ſoïent naturellement Rhomboidales, neanmoins la cryſtalliſation de la maſſe en général eſt indéterminée ayant été tumultuaire, & continuellement contrariée par les deux Principes.

N.^ro II. Nom. *Gyps cryſtalliſé, de Caſtrogiovanni.*

Qualités. Grain très fin, Ciment puiſſant, Couleur blanche griſâtre.

Nature. Baze de terre argilleuſe mêlangée de marne, & de terre Calcaire de la qualité de celle des Spaths; cimentée par l'acide marin uni à un alkali puiſſant; colorée par deux terres ainſi que la precédente eſpéce, il faut cependant que la diſſolution animale dans l'état de chaux ait été un peu fermentée, puiſque la teinte de cette ſubſtance tire un peu ſur le gris. Ce Gyps eſt le plus pure de tous ceux de Sicile, au premier coup d'œil on le prendrait même pour du Spath.

N.^ro III.

N.ro III. Nom. *Gyps cryſtalliſé en grouppes*, *de Caſtrogiovanni*.

Les Qualités & la Nature de ce Gyps ſont à peu près les mêmes que celles du Gyps precédent, il n'en diffère que par l'arrangement de ſes cryſtaux, qui ſont tous grouppés enſemble. Les Allemands déſignent ce Gyps par le nom de *Druſen Gyps*. Ses cryſtaux ſont peu tranſparents.

N.ro IV. Nom. *Gyps ſpéculaire*, *de Girgenti*.

Qualités. Grain brillant & fin, Ciment faible, Couleur blanche, cryſtalliſation à feuilles horizontales.

Nature. Baze de terre Reffractaire, cimentée par un acide marin très délayé uni à un alkali puiſſant; la couleur de ce Gyps eſt celle des eſpéces precédentes, excepté qu'à cauſe des interſtices qui ſe trouvent entre les différentes couches, il y a ſouvent des dépôts Calcaires qui blanchiſſent cette ſubſtance. Sans cela ce Gyps ſerait le plus pur de toutes les eſpéces qu'on voit en Sicile. Une des particularités les plus remarquables de cette pierre; c'eſt qu'elle eſt diviſée toute entiére en autant de lames très fines qui, malgré leur ténuité apparente, pourraïent être diviſées, à leur tour, en je ne ſçais combien de lames, s'il y avait un inſtrument capable de faire cette ſéparation. Mais ce qu'il eſt impoſſible à l'homme d'effectuer, le hazard le produit ſouvent. Un éclat, un leger étonnement, disjoint ces feuilles, & les ſépare en une infinité de lames d'une fineſſe inconcevable. Malgré cet arrangement des parties conſtituantes, à l'aide du microſcope on reconnait qu'elles ne s'eccartent point des loix de la cryſtalliſation, qui eſt propre à cette Nature; car les particules ſont toutes Rhomboïdales, très éxactement prononcées; & même, tous les morceaux que le hazard détache d'un bloc de cette ſubſtance, ont tous cette configuration. Les Allemands connaiſſent ce Gyps ſous le nom de *Marien-Glas*, ou, *pierre à Jeſus*, comme on dit en France, à cauſe de l'employ qu'on en fait dans les Monaſtéres, en mettant des feuilles très minces de cette ſubſtance au devant des Agnus-Dei, pour les preſerver de la pouſſiére. Cela a fait confondre ce Gyps avec le *Talc*, ou *Vitrum Ruthenicum*, *ſive Moſcoviticum*; qu'on deſtine

ſtine au même uſage, mais qui eſt plus tranſparent, plus ſolide, & plus cher.

On emploïe ce Gypſe, ainſi que les precédens en Sicile à en faire du Plâtre. Mais il eſt médiocre en comparaiſon de celui que produit le moëllon Reffractaire, dont nous allons parler dans la Claſſe ſuivante.

CLASSE II.

Du Moëllon Reffractaire.

Cette ſubſtance eſt la vraïe pierre à plâtre ſi abondante dans toute l'Europe; elle n'eſt pas moins commune en Sicile, & ſurtout du coté de Girgenti il y en a des carriéres conſidérables, placées comme partout, entre un lit calcaire, & une couche de pierres vitrifiables; ce qui ſeul doit prouver la double nature, ſi j'oſe le dire, qui compoſe cette pierre. Cette ſubſtance eſt ſi connue, qu'il ſerait inutile de m'arreter plus longtems ſur ce ſujet. J'obſerverai ſeulement, que j'ai remarqué que dans les Carriéres de Sicile, les couches de cette Nature de Gyps étaïent un peu plus inclinées qu'elles ne le ſont d'ordinaire, & que l'influence de l'acide marin doit avoir été plus forte ici, puiſque les parties conſtituantes affe-ctent de ſe diviſer plutôt en cubes, qu'en écailles rhomboïdales. On pourrait à ces obſervations joindre encore le phénoméne d'une majeure efferveſcence avec les acides; je n'oſerai point décider ſi c'eſt l'abondance des parties calcaires, ou la preſence d'un alkali quelconque, on bien celle de l'acide marin même qui la produiſent.

CLASSE III.

Des Alabaſtrides.

L'Alabaſtride, ou Alabaſtrite a été bien longtems l'objet de la diſpute des plus célébres Naturaliſtes, Wallerius & Pott ont été du nombre, & ont toujours claſſé toutes les productions de l'éſpcée de celles que nous allons décrire, dans la ſérie des Al-

Albâtres. Cependant cette ſubſtance en diffère abſolument, & toutes les expériences qu'on a fait de nos jours, n'ont ſervi qu'à aſſurer toujours, de plus en plus, cette verité. L'Allemagne & la Suiſſe abondent en ce genre de productions, & la Sicile en offre auſſi d'aſſès belles variétés, Ou en peut juger par celles, que je cite ici.

N.ro I. Nom. *Alabaſtride jaune claire ondée de blanc, de l'Isle de Goz.*

Qualités. Grain très fin, Ciment médiocrement puiſſant, couleur jaune tendre, ondes blanches.

Nature. Baze de terre Reffractaire avec ſurabondance de terre Calcaire, Cimentée par l'acide marin uni à un alkali aſſès puiſſant; colorée par une diſſolution ferrugineuſe ochracée. Les ondes blanches doivent leur origine à une diſſolution de corps animaux dans l'état de chaux.

N.ro II. Nom. *Alabaſtride ondée de rouge, & de jaune foncé; de Taurmina.*

Qualités. Grain mêlangé, Ciment faible, couleur mêlangée d'ondes rouges & jaunes foncées.

Nature. Baze de terre Refractaire cimentée par l'acide marin, uni à un alkali très faible; colorée par deux diſſolutions terreſtres; l'une de moëllon rouge, & l'autre de roche pourrie; l'une tranſſudante dans l'autre.

N.ro III. Nom. *Alabaſtride blanchâtre, avec petites taches vertes, & jaunes; du fleuve de Niſo.*

Qualités. Grain mêlangé, ciment aſſès puiſſant, couleur blanchâtre dans le fond, parſemée de petites taches vertes & jaunes.

Nature. Baze de terre Reffractaire cimentée par l'acide marin, uni à un alkali puiſſant, colorée par une diſſolution de corps animaux dans l'état de chaux, mais pas toute entiére compoſée de terre Calcaire; Les petites taches vertes & jaunes ſont des dépôts ſéparés formés par une diſſolution végétale, & une autre de moëllon jaune.

A l'Article des Alabaſtrides Claſſe II. page 32. de ma Lythographie, au numeros 2. 3. & 4. je parle des Alabaſtrides,

 jaune

jaune couleur de citron en forme de congélation, d'une autre, ondée de noir, de blanc & d'obſcur; & d'une troiſiéme, jaune claire avec petites taches blanches; toutes les trois de Malthe. Mais une analiſe plus refléchie, & ſurtout les expériences réiterées, de M.r le Chevalier Déodat d'Olomieux, qui, depuis un tems conſidérable a emploïé tous ſes ſoins à la connaiſſance la plus parfaite poſſible des produits de cette Isle, m'ont fait renoncer à mon premier avis. Le terrain de Malthe étant abſolument Calcaire n'aurait pas pû produire dans ſon ſein une ſemblable nature. Mon erreur n'a été fondée que ſur le dégré d'une dureté majeure que j'ai trouvé dans ces pierres, relativement aux autres albâtres de Sicile; & à une eſpéce de lenteur dans l'effervescence des parties Calcaires formant la baze de ces ſubſtances. On trouvera toutes ces trois eſpéces décrites plus au long, à l'article des albâtres.

CLASSE IV.

Des Spâths fuſibles Reffractaires.

L'action des Volcans, & l'abondance des vapeurs métalliques qui s'exhalent journellement en Sicile, donnent aux Spâths fuſibles reffractaires de cette Isle les teintes les plus riches & les plus agréables. C'eſt ſurtout dans le voiſinage des lieux qui ont été le plus expoſés à la puiſſance de l'Etna qu'on trouve ces belles productions. Centorbi, Carlentini, Caſtrogiovanni, & une partie de la vallée de Noto, du coté ſurtout de Raguſe, en offrent les plus belles variétés. Nous nous contenterons de l'analyſe des ſuivantes, comme des plus intéreſſantes.

N.ro I. Nom. *Spâth fuſible verdâtre, de Centorbi.*

Qualités. Grain très fin, Ciment puiſſant, couleur verdâtre, cryſtalliſation cubique, parties cuivreuſes.

Nature. Baze de terre Vitrifiable unie à quantité égale de terre Calcaire, cimentée par l'acide marin uni à l'acide phoſphorique, colorée par une exhalaiſon de vapeurs cuivreuſes. Sa cryſtalliſation cubique eſt le produit de la ſurabondance

dance de l'acide marin; les pyrites qui forment des dépôts considérables dans ce Spâth vitreux sont arsenicales.

N.ro II. Nom. *Spâth fusible verdâtre strié, de Castrogiovanni.*

Qualités. Grain très fin, Ciment puissant, Couleur verdâtre clair, Crystallisation parallelepipéde, surface striée, à reflets de différentes nuances.

Nature. Baze de terre Vitrifiable unie à la terre Calcaire à parties presque égales, cimentée par l'acide phosphorique uni à un alkali puissant; colorée par une exhalaison cuivreuse unie à une dissolution de pyrites arsenicales; à la quelle on doit attribuer les stries & les reflets à gorge de pigeon, qu'on voit sur la surface extérieure de ce spâth. Cette substance est une espéce de Petunt-sé, & son employ ne pourrait qu'être de la plus grande utilité, soit pour la fonte des minerais de cette Isle, soit dans une fabrique de Porcelaine, qu'on pourrait facilement établir en Sicile, vû l'abondance du Kaolin dans cette Isle. Nous en parlerons plus au long dans notre Théorie des Volcans.

N.ro III. Nom. *Spâth fusible blanchâtre, de Carlentini.*

Qualités. Grain fin, Ciment puissant, couleur blanchâtre, crystallisation parallelepipéde,

Nature. Baze de terre Vitrifiable unie à une terre Calcaire avec surabondance du côté de la derniére. Cimentée par l'acide phosphorique uni à un alkali puissant. Colorée par le mêlange d'un peu de terre argileuse avec les parties composantes de cette substance. La Crystallisation de ce spâth, est moins sensible, mais toujours cependant parallelepipéde, & sa masse presente un tout plus opâque.

N.ro IV. Nom. *Spâth feuilleté, de la vallée de Noto.*

Qualités. Grain fin, Ciment médiocrement puissant, couleur blanchâtre, crystallisation parallelepipede, lames à feuilles minces & miroitées.

Nature. Baze de terre Reffractaire cimentée par un acide phosphorique abondant, colorée par la teinte naturelle de ses parties composantes. Sa Crystallisation est reguliére & parallelelelepipéde, mais ses cryſtaux ſont extrémement minces, & concourrent, tous dans leur cryſtalliſation, à former des feuilles miroitées, & des lames à peine ſenſibles au doigt. Ce ſpâth eſt très friable, on en écraſe des morceaux aſſés grands, par la plus légére preſſion.

CLASSE V.

Des pierres Suiles, & des pierres Hépatites.

Les pierres Suiles ou pierres-porc, différent des pierres Hépatites par la baze, mais comme elles ſont toutes les deux odoriférentes, j'ai crû devoir n'en faire qu'une même Claſſe. Les pierres Suiles, ſont pour l'ordinaire de deux natures; de la ſubſtance des ſpâths fuſibles, & de celle des pierres de touche, On trouve toutes le deux eſpéces en Sicile; cependant la premiére qualité y eſt plus commune. Voici les réſultats de mes expériences Chimiques à leur Sujet.

N.ro I. Nom. *Pierre Suile de Centorbi*.

Qualités. Grain inégal, tiſſu rabotteux, Ciment faible, couleur brune, odeur d'urine, forme roulée.

Nature. Baze de terre Reffractaire, avec ſurabondance de parties calcaires, cimentée par un acide marin très faible uni à l'acide phoſphorique, colorée par un dépôt de diſſolution de corps animaux dans un état de putrefaction & même de fermentation très avancée. L'odeur que cette pierre exhale, même ſans être frottée, provient de l'abondance des parties phoſphoriques qui s'y trouvent réunies. Dans le moment de la calcination, cette odeur s'evanouit, & on voit, pour ainſi dire, le moment ou elle quitte cette pierre, par la lueur d'une flamme bleuâtre qui s'eleve en colonne au deſſus de la pierre, juſqu'à ce moment la pierre rend toujours la même odeur, mais du moment de l'apparence de la flamme, elle n'en a plus aucune, & ſa couleur brune ſe change en une teinte blanche j'aunâtre.

N.ro II. Nom. *Pierre ſuile, de la Vallée de Noto*.

Quali-

Qualités. Grain inégal, Ciment faible, couleur blanche jaunâtre, odeur d'urine, forme roulée.

Nature. Baze de terre Reffractaire avec ſurabondance de parties calcaires, cimentée par l'acide phoſphorique uni à l'acide vitriolique; colorée par une diſſolution de corps animaux dans un état de putrefaction peu avancé, la combinaiſon de l'acide phoſphorique avec l'acide vitriolique a produit dans cette pierre un dépôt *d'hepar Sulphuris*, qui produit l'odeur qui s'exhâle de cette ſubſtance lorſqu'on la frotte contre quelque corps. Cette proprieté eſt commune à preſque toutes les pierres Calcaires.

La vraie pierre Hépatite du conſentement de tous les Auteurs ne fait point d'effervеſcence avec les acides, celle de Sicile cependant en fait une légére; preuve que l'acide vitriolique & le phlogiſtique n'y ſont pas en ſurabondance, & que la terre Calcaire y domine. C'eſt pourquoi ne la conſidérant pas comme une pierre hépatite parfaite je n'ai pas cru devoir comprendre celle de Sicile ſous ce nom dans la deſcription & l'analyſe que je fais ici des pierres de cette Isle; & je la regarde ſimplement comme une pierre calcaire ordinaire impregnée d'un peu de foi de ſouffre, & le manifeſtant, dans le moment de la dilatation des parties conſtituantes, par le frottement.

CLASSE VI.

Des Zéolites.

Depuis la découverte qu'a faite M.r le Baron de Cronſted en Danemarc de la ſubſtance connue ſous le nom de Zéolite, différens Naturaliſtes en ont trouvé en Allemagne, eu Suiſſe, en France & même en Italie. Un travail opiniâtre, & des recherches continuelles m'en ont fait trouver auſſi en Sicile; mais le même hazard qui m'a procuré cette découverte, m'en a fait faire en même temps une autre, que je communiquerai au Public, en ſon tems.

Juſqu'a preſent on n'avait rien de certain, ſur la formation de cette

cette ſubſtance, on ſe contentait de l'aſſimiler à différentes natures, ſans décider pour aucune, j'eſpére avoir ſoulevé le voile épais dont la Nature cachait à nos yeux le procedé de la formation d'une ſubſtance auſſi particuliére.

Malgré les variétés étonnantes qu'on a crû remarquer dans la Zéolite, l'analyſe que j'en ai fait, m'a prouvé qu'il n'y en a véritablement que de deux eſpéces, dont je ne puis décrire qu'une dans cet Ouvrage, l'autre étant produit Volcanique, & appartenant à ma Théorie des Volcans, j'y renvoie mes Lecteurs. Quant à la premiére, qui eſt la moins intéreſſante des deux, voici le réſultat de mes travaux à ſon égard.

Toute Zéolite qui ne doit point ſon origine à l'action des ſels Volcaniques (*a*), n'eſt autre choſe qu'un Spâth vitreux, fuſible, changant de Couleur & de configuration, ſuivant l'influence & la ſurabondance des principes compoſans. C'eſt ainſi qu'elle eſt verte, quand une diſſolution cuivreuſe vient teindre ſes particules conſtituantes; elle eſt rouge, quand un acide quelconque a fait faire effervеſcence aux particules calcaires que cette ſubſtance renferme; elle eſt blanche griſâtre quant elle ſe trouve dans ſon état de Nature; elle eſt jaunâtre quand un alkali quelconque y a formé un peu *d'hepar ſulphuris*, par ſon union avec les parties ſulphureuſes, qu'on trouve quelque fois admiſes dans le tiſſu de cette ſubſtance. Enfin elle eſt noire, quant elle a ſouffert le contact immédiat du feu. Ce dernier état eſt commun dans les Zéolites Volcaniques, mais il eſt très rare dans les Zéolites ſpâthiques. Mais dans tous les états, la Zéolite conſerve toujours ſa cryſtalliſation ordinaire, qui eſt piramidale, avec des raïons égaux tous partans d'un même centre, & aboutiſſans à leur circonférence.

La Sicile eſt très pauvre en Zéolite ſpâthique, on en trouve cependant du côté de Centorbi, & près du fleuve de Niſo.

La

(a) *J'appelle Sels Volcaniques, tous ces Sels neutres dont la combinaiſon eſt duë à l'action violente des Volcans, & que l'on peut, à juſte titre, conſidérer comme les véhicules terçaires des produits de la Nature.*

La premiére eſt rougeâtre, & ſemble, ainſi que je l'ai dit cy-deſſus, avoir déjà ſouffert l'attaque de quelque acide; auſſi eſt-elle moins ſolide & ſe briſe facilement. Au premier coup d'œil cette Zéolite a l'air d'être de la Gelée minérale, mais bientôt à l'analyſe, & à la cryſtalliſation, on reconnait ſa Nature. La ſeconde eſt d'un très beau verd Céladon, ayant participé du voiſinnage des eaux vitrioliques emanentes de la diſſolution des pyrites cuivreuſes qui abondent en cet endroit; ſon ciment eſt plus puiſſant, & les particules calcaires ſont ici très abondantes, n'ayant point été détruites par l'approche d'aucun acide; vû que celui qui a influé ſur la couleur de cette Zéolite, n'a fait qu'en teindre les parties vitrifiables.

Quant à la Nature des parties conſtituantes de cette ſubſtance, les toucheaux Chymiques ont le pouvoir de rectifier nos idées; mais juſqu'à preſent il a été impoſſible de reconnaitre le motif d'une cryſtalliſation auſſi ſinguliére. Et à cet égard il faut nous en tenir à l'explication générale que l'on donne de la formation de tous les cryſtaux; c'eſt-à-dire, à la configuration des atomes compoſans, à leur affinités mutuelles, & à leur tendance reciproque.

Toutes les Zéolites ſont phoſphoriques & vitrifiables, avec cette diſtinction cependant, que les Volcaniques ont plus de la premiére Nature, & les Spâthiques plus de la ſeconde. La Zéolite vitrifiée produit un verre blanc, léger, tranſparent. La Zéolite n'eſt point igneſcente à cauſe de ſon peu de-dureté. Il parait même qu'elle a un peu de ſel ſédatif, car elle bouillonne au feu, & ſe gonfle comme le Borax. Voiés à ce ſujet Walle. I. Vol. de Sa Minér. Les Œuvres du Préſident Ogier. les mémoires de M.r Swab, Ceux du Baron de Cronſted. M.r Valmont de Bomare &c.

CLASSE VII.

Des Silex crétacés.

Dans le Chapitre consacré aux produits tenans à la terre Vitrifiable, nous avons analysés toutes les varietés des Silex différens qu'offre la Sicile; sans être aussi riche en ce genre de substance comme quelques Provinces de l'Allemagne, elle en presente d'assès intéressantes, encore avons nous été obligés de restraindre nos analises, car il ne nous était point permis de mêlanger les Silex crétacés, avec les Silex vitrifiables. Dans ce moment cy nous allons reprendre une matiére si éssentielle à la connaissance parfaite des produits minéralogiques de cette Isle.

J' appelle *Silex crétacés*, non ces Silex couverts d'une pellicule marneuse, qui presentent une espéce d'ecorce blanchâtre,& que nous avons analysés dans la Classe XIII. Numero 3. de notre second Chapitre. Mais, je désigne sous ce nom, tous ces silex dont la pâte, si j'ose le dire, a été produite par le mêlange, des deux terres, Vitrifiable & Calcaire; dont est sortie une substance siliceuse en apparence, mais vitrifiable avec l'addition des flux, & susceptible d' effervescence au contact des acides. Enfin, véritable produit Reffractaire. Qualité qui n'est pas même attribuable aux vrais Silex.

Le Silex crétacé ou Petro-Silex, si l'on veut, est opaque, son tissu est moins serré que celui des autres Silex, sa dureté est moins forte, toutes ses parties ne font pas feu également bien, enfin, son tissu est plein de crevasses & de gerçures. On voit que la matière composante n'a pas eu le tems de se réunir dans un état de tranquillité, mais que l'aggrégation s'est faite d'une maniére tumultuaire, & souvent en fragmens irréguliers. La Sicile n'en produit que dans un seúl endroit, à Misilcannone. Ce Silex se trouve près de celui que j'ai décrit au numero III. de la Classe XIII. du II. Chapitre de cet Ouvrage. Il n'est d' aucun usage, & je n'en ai fait mention ici, que pour ne point omettre un produit

qu'on

qu'on ne trouve point dans beaucoup de Pays, & que la Sicile fournit.

CLASSE VIII.

Des Granites vulgaires.

En parlant des produits Reffractaires de la Sicile, ce ſerait le cas de dire ici quelque choſe des Granites que renferme cette Isle dans ſon ſein, mais ne voulant point empiéter ſur le plan de ma Théorie des Volcans, j'y renvoye mes Lecteurs à ce ſujet; car je conſidére le Granite comme un produit neutre, à la formation du quel la Nature n'a pu concourrir que d'une maniére pour ainſi dire involontaire. Cependant pour ne point laiſſer de vuide dans cet Ouvrage à l'egard d'une ſubſtance auſſi intéreſſante, & auſſi utile, je placerai ici le réſultat de mes opérations Chimiques à ce ſujet.

N.ro I. Nom. *Granite à deux Couleurs, de' i Colli.*

Qualités. Grain inégal & rabotteux, Ciment puiſſant, fond blanc, petites taches noires.

Nature. Baze quartzeuſe blanche, cimentée par l'acide vitriolique, colorée par la teinte naturelle de ſes parties compoſantes; les taches noires de ce Granite, ſont dues à des dépôts de feuilles de Mica noir quelque fois triturées & broiées, quelque fois dans leur grandeur naturelle.

N.ro II. Nom. *Granite à trois Couleurs, des environs de' i Colli.*

Qualités. Grain très inégal, ciment plus puiſſant que celui de la premiére eſpéce, couleur blanche dans le fond, parties blanches jaunâtres, taches noires.

Nature. Baze quartzeuſe blanche, cimentée par l'acide vitriolique, colorée comme celle du Granite precédent dans le fond; quant aux acceſſoires, deux autres natures concourrent à leur formation; le mica noir à grandes feuilles, pour les taches noires, & le feld-ſpâth, ou ſpâth vitreux fuſible avec principes ferrugineux en diſſolution, pour les parties blanches jaunâtres.

 A ces

A ces deux eſpéces ſeules ſe réduiſent les variétés des Granites de la Sicile, ou pourrait y ajouter encore la pierre meuliere quartzeuſe, eſpéce de Granite carrié, dont j'ai parlé dans le ſecond Chapitre Claſſe I. Numero I.

CLASSE IX.

Du Mica.

Le ſyſtême Volcanique s'etant emparé, depuis peu, de tous les Eſprits, beaucoup d'Auteurs ont crû pouvoir expliquer la formation du Mica, en l'attribuant à une cryſtalliſation ſecondaire, operée par les ſels extraits de mille produits différens par l'action des feux des Volcans. Cette idée a beaucoup de partiſans, & parait être plus que probable au premier coup d'œil, mais les obſervations réiterées, & les toucheaux Chymiques s'oppoſent à cette croïance; on ne reconnait dans cette ſubſtance aucune des qualités qui diſtinguent caractériſtiquement les produits Volcaniques, & quoique très porté par ma conviction intérieure à croire les Volcans, Créateurs de prés d'un tiers des ſubſtances qui couvrent la ſurface de notre Globe, je ne reconnais dans le Mica d'autre principe, qu'une terre argilleuſe diviſée à l'infini, diſſoute, & cryſtalliſée dans un fluide quelconque, avec ſurabondance de phlogiſtique ſous une apparence ſulfureuſe.

Le Mica eſt trop commun par tout pour ne point l'être auſſi en Sicile, il ſerait donc inutile d'entrer dans de plus grands détails à ce ſujet. Je crois toutes fois qu'il eſt néceſſaire de diſtinguer les eſpéces les plus abondantes en Sicile, vû les conjectures qu'un Minéralogiſte peut en tirer rélativement à la nature du terrain, & à la qualité de ſes produits.

N.ro I. Nom. *Mica blanc, de Centorbi.*

Qualités. Laines feuilletées, écailles compactes, couleur blanche brillante.

Nature. Baze de terre Reffractaire avec ſurabondance de terre vitrifiable, cimentée par l'acide vitriolique uni à l'acide phoſphorique. Colorée par une diſſolution arſenicale de la nature

ture de celle des pyrites de cette ſubſtance. La cryſtalliſation de cette nature eſt en lames feuilletées très minces, ſe formant dans le ſein d'un ſable argilleux, de la maniére dont nous avons décrits dans le Second Chapitre la formation des grés feuilletés: On donne à ce Mica communément le nom *d'Argent de Chat*.

N.ro II. Nom. *Mica jaune brillant*, *de S.t Catérine*.

Qualités. Lames feuilletées très petites, couleur jaune brillante.

Nature. Baze de terre Reffractaire avec ſurabondance de terre vitrifiable, cimentée par l'acide vitriolique uni à l'acide phoſphorique, colorée par la combinaiſon d'une diſſolution ferrugineuſe minéraliſée par le ſouffre, avec la baze vitrifiable de cette ſubſtance. On trouve ce Mica dans toutes ſortes de ſubſtances, avec toutes ſortes de terres, & de métaux, mais particuliérement avec le ſable argilleux, & le minerai de cuivre. On lui donne le nom *d'Or de Chat*.

N.ro III. Nom. *Mica noir de' i Colli*.

Qualités. Lames feuilletées, indéterminées dans leur grandeur. Couleur noire compacte.

Nature. Baze de terre Reffractaire avec ſurabondance de terre vitrifiable, cimentée par l'acide vitriolique uni à un acide phoſphorique très ſulphureux: colorée par un alliage de diſſolution végétale dans l'état charboneux avec l'acide vitriolique, combiné enſuite avec de la terre adamique diſſoute, triturée & cryſtalliſée. C'eſt la couleur de ce Mica, & quelques unes de ſes proprietés qui ont fait croire à quelques Naturaliſtes que c'était un produit des Volcans, mais mes obſervations ne m'y ont fait connaitre que la marche ſimple d'une nature ſagement agiſſante, ſans contrainte, & ſans principes neutres.

CLASSE X.

Du Talc.

La Sicile eſt très pauvre en Talc, il ne s'y en trouve que dans les carriéres de gyps, encore eſt il d'une qualité des plus médiocres. L'endroit ou j'en aie vû le plus dans ce Royaume, eſt

eſt du côté de Girgenti, ou Agrigente, du côté de Palma. On ſçait que cette nature à beaucoup d'affinité avec le gyps & avec le Mica, il eſt étonnant qu'elle ne ſoit pas, parconſéquent, plus commune dans cette Isle, vû l'abondance des deux autres ſubſtances. Le Talc de Sicile reſſemble pour l'ordinaire à celui qu'on vend dans le commerce communément ſous le nom de pierre Talqueuſe de Briançon. Il eſt dur, compact, écailleux, d'une tranſparence louche, friable au toucher, blanchiſſant les mains,& ſtrié dans ſa longueur. L'acide phoſphorique y domine, malgré la preſence, & l'union de l'acide vitriolique avec la terre argilleuſe blanche, & avec une diſſolution de corps animaux dans l'etat de chaux.

CLASSE XI.

Des Serpentines.

Cette ſubſtance a des varietés dans ſon eſpéce, ainſi que tous les produits de la Nature, il en eſt cependant deux principales, & ſi diverſement caractériſées, que je croirais qu'il faudrait pour les mieux diſtinguer entre elles, laiſſer à celles d'une eſpéce le nom de Serpentines, & donner celui de Serpentin aux autres; ainſi que l'ont déjà obſervé beaucoup de Naturaliſtes avant moi. Dans la premiére eſpéce, je comprendrai, toutes les Serpentines produites par l'action uniforme & lente d'une aggrégation de parties homogénes faite par la Nature; & dans l'autre je claſſerai, toutes les Serpentines faites par l'action violente des Volcans. La Sicile offre les deux varietés, & renvoyant mes Lecteurs à ma Théorie des Volcans rélativement à l'analyſe de ces derniéres, je me contenterai de faire ici celle de la premiere qualité.

N.ro I. Nom. *Serpentine, du fleuve de Niſo.*

Qualités. Grain très-fin, mais inégal, Ciment puiſſant, fond verd, taches vertes ſombres.

Nature. Baze de terre Reffractaire cimentée par l'acide vitriolique uni à l'acide phoſphorique, colorée par une diſſolution végétale peu fermentée dans le dépôt général, mais ayant

été

été soumise à une putrefaction forte dans les particules du dépôt secondaire qui a formé les taches. Pour l'ordinaire les Serpentines manifestent la presence du fer, dans celle cy, & presque dans toutes celles de Sicile ce métal est invisible; qui plus est même, dans cette Serpentine cy, il y a quelque apparence de dissolution cuivreuse, mais très faible.

N.ro II. Nom. *Serpentine, du fleuve de Saint-Calogero.*

Qualités. Grain fin mais inégal, Ciment puissant, fond verd sombre, taches vertes claires.

Nature. Cette Serpentine est cimentée & colorée comme la precédente, seulement d'une maniére inverse.

N.ro III. Nom. *Serpentine, des environs du Mont Etna.*

Qualités. Grain rabotteux, fond blanchâtre à motié calciné, taches jaunâtres dans un demi état de calcination.

Nature. Cette Serpentine est de l'espéce de celle du numero 2. sa diversité n'est qu'apparente, c'est au contact immédiat d'un feu violent qu'il faut l'attribuer. La calcination dans les différentes parties a été plus ou moins sensible, suivant le degré de putrefaction qu'avaïent éssuïés les dépôts végétaux de la baze de cette Serpentine. Je serais très porté à considérer toutes ces Serpentines comme autant de produits Volcaniques, mais je n'ose le garantir encore.

CLASSE XII.

De l'Héliotrope.

Cette substance très connuë des Anciens, & très estimée par Eux, se trouve en Sicile de toutes les deux qualités. L'une, comme on sçait, à fond verd picotté de petits points rouges; l'autre à fond verd,& à taches jaunes;qui est le veritable Héliotrope ou Tourne-sol des Anciens. J'aurais classé cette substance parmis les jaspes, dont elle parait, au premier coup d'œil, être une variété, si son tissu était aussi serré, & aussi silliceux que l'est ordinairement celui de ces pierres, & si les parties composantes de cette substance fussent toutes à baze Vitrifiable comme celle des jaspes. Mais étant entre-coupées de particules Calcaires

caires, je l'ai regardé comme produit Reffractaire, & j'en ai fait une claſſe ſéparée dans ce Chapitre. Voici les réſultats de mes opérations Chymiques à l'egard de cette ſubſtance.

N.^ro^I. Nom. *Héliotrope, de Giuliano.*

Qualités. Grain très fin, tiſſu égal, Ciment puiſſant, fond verd foncé, petites taches rouges à peine perceptibles pour la plupart, mais très abondantes.

Nature. Baze de terre Vitrifiable unie à la terre Calcaire avec ſurabondance de la premiére, cimentée par l'acide marin; colorée par une diſſolution végetale tantôt Calcaire; & tantôt Vitrifiable, pour le fond, & par une teinture d'Or de Caſſius pour les taches rouges. Cette ſubſtance doit être regardée comme une variété du jaſpe ſanguin, ou plutôt, comme une eſpéce de jaſpe ſanguin Reffractaire, d'autant plus qu'elle provient de la même carriére dont on tirre le jaſpe ſanguin veritable.

N.ro II. Nom. *Héliotrope, des environs de' i Colli:*

Qualités. Grain fin, tiſſu inégal, Ciment puiſſant, fond verd foncé, parties & ramages jaunes.

Nature. Baze de terre Vitrifiable unie à la terre Calcaire, à peu près à parties égales; cimentée par l'acide marin, colorée par une diſſolution végétale très fermentée dans le ſein de laquelle, avant une condenſation parfaite, s'eſt gliſſé un dépôt ſecondaire de diſſolution de moëllon jaune. Cette ſubſtance, & la precédente ont toutes les deux euës un fluide agatiſant abondant pour délaïer les dépôts de leurs bazes, & pour les condenſer. On ne les trouve qu'en cailloux roulés.

CLASSE XIII.

De la Tartarucca.

Cette ſubſtance eſt encore une de celles qu'on doit regarder comme abſolument propre à la Sicile, n'ayant vû nulle part rien qui lui reſſemblât. On trouve cette pierre en cailloux roulés de 4. à 5. pouces en quarré, ſur le Mont St Julien, & près de Sainte-Marie del Boſco. On lui a donné le nom de Tartaructarucca, ou écaille de Tortue, à cause de la ressemblance qu'à cette pierre avec cette dernière substance. Voici le détails de son analyse chymique.

Qualités. Grain assès fin, tissu inégal, Ciment médiocrement puissant, fond obscur, petites & grandes taches jaunes.

Nature. Baze de terre Vitrifiable unie à la terre Calcaire avec surabondance de la seconde, cimentée par l'acide marin uni à l'acide phosphorique, colorée par une dissolution de roche pourrie, pour le fond, & de moëllon jaune, pour les accessoires. Cette pierre fait beaucoup d'effervescence avec les acides, mais ne se vitrifie qu'avec l'addition d'un flux puissant. Dans son état naturel, elle ne prend jamais un beau poli, & son tissu est toujours parsemé de petites porosités.

CLASSE XIV.

Des Jades.

Dans le Chapitre IX. de ma Lythographie Sicilienne, j'ai parlé d'un morceau de jade blanc sâle trouvé en Sicile, dont on a fait une Sauçiére très joliment travaillée, déposée dans le Museum des Jesuites à Palerme; & qu'il ne faut pas confondre avec une autre sauçiére à peu-près du même gout faite de pâte de Ris, de la Chine. C'est le seul témoignage que puissent citer les Siciliens de l'éxistence de cette substance dans leur Pays, encore est-il sujet à être revoqué en doute. Je n'en ai parlé que pour n'avoir point à me reprocher d'avoir omis quelque nature née dans le sein de cette Isle. Mais en même tems, je me déclare le premier incrédule à l'egard de l'éxistence de ce produit en Sicile.

CLASSE XV.

Des Avanturines.

La ressemblance d'un espéce de marbre-Agate, ou marbre Reffractaire de la Sicile, avec la vitrification artificielle qu'on vend à Venise sous le nom d'Avanturine, a fait donner le même nom à cette production naturelle, mais singuliére. Au premier coup-d'œil, cette pierre parait être un marbre, mais l'effervescence lente que produit le contact des acides sur ses parties composantes, la force du ciment, & la beauté du tissu de quelques unes de ses parties, enfin la tendance qu'ont ses particules composantes à se vitrifier avec l'addition d'un flux quelconque; ont fait reconnaître que c'etait un produit tenant à la terre Reffractaire; sans quoi, suivant la classification des Marbriers Siciliens, je l'aurai placé parmis les marbres de ce Royaume. Tel est le résultat de l'analyse que j'en ai fait.

Qualités. Grain assès fin, tissu serré par intervalle, & assès porreux dans certaines parties, couleur obscure rougeâtre dans le fond, petits points luisans.

Nature. Baze de terre Reffractaire, cimentée par l'acide marin uni à l'acide phosphorique, colorée par une dissolution de moëllon rouge combinée avec une autre dissolution de roche pourrie. Il y a des parties dans cette substance qui semblent avoir été condensées à l'aide d'un dépôt de fluide agatisant; mais il y en a très peu de cette nature. Les petits points luisans qui brillent dans ce fond obscur, & que quelques Naturalistes avaïent pris pour des débris pyriteux, ne sont que des particules micacées emprisonnées dans la masse de cette pierre, encore dans le moment de son état de fluidité. Peut-être est-ce l'examen de ce produit naturel qui a fait naître l'idée de l'Avanturine artificielle. C'est ainsi que la Nature d'une maniére diréćte ou indiréćte a servi souvent de guide à ces découvertes, dont l'homme tire tant de vanité. La ressemblance de ces petits point lumineux avec des fractures de pyrites; enhardit bien souvent les Marbriers Siciliens à fournir aux Amateurs des cailloux pyriteux, en place de la veritable Avanturine, mais tout Connaisseur, sur tout quant il est prévenu de la fraude, peut facilement ne point s'en laisser imposer. Cette substance vient pour l'ordinaire sur le Mont Caputo, mais toujours sous la forme des cailloux roulés.

CHA-

CHAPITRE V.

Des produits Sémi-Métalliques.

CLASSE I.

Des Pierres Pyriteuſes.

L'Abondance des Minéraliſateurs en Sicile, rend les pyrites très communes dans ce Pays, & ſi l'on devait appeller pierres pyriteuſes toutes celles ou cette ſubſtance ſe rencontre, ou devrait claſſer nécéſſairement ſous cette dénomination non ſeulement les marbres de ce Royaume, mais encore ſes jaſpes, ſes agates, juſqu'à ſes pierres argilleuſes & arenaires, qui toutes en ſont remplies. Cette conſidération nous engage à ne comprendre ſous ce nom, qùe ces pierres dans leſquelles cette ſubſtance abonde au point d'aller de pair, pour ainſi dire, avec les particules compoſantes de la pierre même. Dans ce cas ſont, *primo*. La Roche pyriteuſe du fleuve de Niſo; *ſecondo*, les différentes eſpéces de Lapis-lazuli que produit le même endroit. Nous commençerons par l'analyſe de la premiére ſubſtance.

N.ro I. Nom. *Roche pyriteuſe, du fleuve de Niſo.*

Qualités. Grain aſsès fin, Ciment puiſſant, couleur brune, dépôts de pyrites très abondans.

Nature. Baze de terre Vitrifiable cimentée par l'acide vitriolique, colorée par une diſſolution de corps animaux dans l'état de chaux. L'abondance du ſouffre des environs, joint aux principes cuivreux qui ſont repandus dans tous les produits des environs, a formé dans cette pierre des dépôts pyriteux très conſidérables qui, tantôt ſont en maſſes informes, & ſans configuration déterminée, & ſouvent preſentent une ſuite de paillettes micacées, ou du moins paraiſſans telles. Effet qu'on ne peut attribuer qu'au plus, ou moins de force du Minéraliſateur, & de l'acide cimentant.

N.ro II. Nom. *Lapis-lazuli batard, de fleuve de Niſo.*

Qualités. Grain fin dans les parties colorées, & plus groſſier dans la baze , Ciment inégalement puiſſant couleur blanche dans le fond, taches bleues, pyrites abondantes.

Nature. Baze Spâthique Vitrifiable cimentée par l'acide marin, colorée dans le fond par la teinte naturelle de ſes parties compoſantes ; & dans ſes taches par un azur cuivreux (*a*) très beau dans ſa Nature, mais affaibli dans ſa teinte, par l'action immédiate de l'acide cimentant ſa gangue. Ses pyrites ſont en paillettes. C'eſt la Chryſocole des Anciens.

N.ro III. Nom. *Lapis-lazuli mêlé de taches bleues & vertes, du fleuve de Niſo.*

Qualités. Grain ſemblable à celui de la premiére eſpéce, Ciment puiſſant par intervalle, couleur fauve dans le fond, taches vertes & bleues, pyrites abondantes.

Nature. Baze de feld Spâth, cimentée par l'acide marin uni à l'acide phoſphorique, colorée par la teinte naturelle des parties compoſantes. Les taches bleues de cette pierre ſont duës à l'azur de cuivre dont tous les Naturaliſtes ſavent la formation ; quant aux taches vertes, elles proviennent d'une ſimple diſſo-

(a) *M.r Margraff curieux d'analiſer la Nature de la pierre d'azur, l'a ſoumiſe à différentes épreuves, telles que la digeſtion dans l'alkali volatil, la diſſolution dans les acides, & la précipitation dans le même alkali, après l'avoir dépouillée de ſon mica, & à la ſuite de ſes eſſais n'ayant obtenu aucun réſultat cuivreux, a décidé que cette pierre devait ſa couleur au fer. M.r Valmont de Bomarre dans ſa Minéralogie fait à ce ſujet une obſervation très judicieuſe, en diſant :* qu'il reſtait encore à ſçavoir : (après ces expériences) ſi les pierres d'azur de toutes les contrées ſe reſſemblent au point, de rendre générale la conſéquence qu'en tire M.r Margraff ſur la ſeule eſpéce qu'il ait analiſée. *A ce raiſonnement j'oſerai joindre les réſultats de mes opérations Chymiques à l'egard de la pierre d'azur de Sicile : avant de l'avoir encore connue j'avais ſoumis aux mêmes épreuves les lapis-lazuli qui nous viennent de Chypre, d'Eſpagne, de Pruſſe, de Perſe, de la Chine &c. & je n'ai trouvé de différence que dans le degré de peſanteur & de dureté reſpectivement de l'une à l'autre, quant au reſte, c'était toujours la même Nature, & le cuivre, viſiblement, paraiſſait ſon Principe colorant. La pierre d'azur éprouvée par M.r Margraff était de Friedberg, à ce que le rapporte M.r Valmont, je n'ai jamais eu occaſion de l'analyſer, mais il ſe peut qu'effectivement elle participe du voiſinage de quelque mine ferrugineuſe, en ce cas là, c'eſt une varieté de plus dans le genre des lapis-lazuli connus, mais cela n'influe nullement ſur le reſte.*

diſſolution cuivreuſe tranſſudante à travers de ces pierres, & leur donnant cette teinte, ainſi qu'on voit dans les mines de cuivre, les diſſolutions vitrioliques donner cette couleur à tous les corps quelles touchent, & particuliérement aux corps calcaires qui les abſorbent plus facilement, ſurtout les corps animaux. Comme on peut le voir dans la formation de la Turquoiſe à peine connue de nos jours, & qu'un heureux hazard a fait découvrir, ainſi que la plupart de nos plus belles connaiſſances.

N.ro IV. Nom. *Lapis-lazuli bleu clair, à taches verdâtres, du fleuve de Niſo.*

Qualités. Grain graveleux, Ciment faible, couleur fauve dans le fond, taches bleues claires, & verdâtres.

Nature. Baze de feld Spâth, cimentée comme le lapis-lazuli du Numero 2. colorée dans le fond par la teinte naturelle des parties conſtituantes, & dans les taches bleues par un azur de cuivre très faible en teinte. Les taches verdâtres ſont de la Nature de celles du Numero deux, mais leur teinte eſt beaucoup moins vive. Les pyrites de ce lapis-lazuli ſont en maſſe, ſans aucune configuration déterminée. Cette pierre eſt la même que l'on vend dans le commerce ſons le nom de pierre d'azur de Naples. Elle reſſemble beaucoup à celle d'Arménie, & l'on en fait du très beau bleu de Montagne de Boutique.

N.ro V. Nom. *Lapis-lazuli bleu, du fleuve de Niſo.*

Qualités. Grain fin, Ciment puiſſant, Couleur bleuë dans le fond, petits ramages blancs, paillettes d'or.

Nature. Baze de terre Calcaire combinée avec la diſſolution d'azur de Cuivre, formant un tout compact, peſant, opaque, denſe, & capable du plus beau poli. Cimentée par l'acide vitriolique. Les ramages blancs de cette pierre ſont des parties calcaires qui n'ont point été combinées avec la diſſolution d'azur, & qui ſont reſtées dans leur etat naturel. C'eſt le ſeul deffaut qu'ait cette pierre, ſans quoi, on pourrait l'egaler au lapis-lazuli Oriental. Cette pierre eſt extrêmement rare à trouver dans ce moment cy, à cauſe de l'avarice des habitans de ces Contrées ; ce qui tente le plus leur cupidité, eſt de rencontrer quelque-fois dans cette pierre quelques particules d'or, & comme le mica eſt bien plus commun dans cette ſubſtance, & qu'il a, à l'apparence, l'œil de ce métal, cela ſuffit pour faire briſer les plus beaux morceaux, que le hazard dépoſe ſouvent dans ces mains auſſi ignorantes qu'avides.

CLASSE II.

Des Dendrittes, & des Cailloux ramifiés.

L'origine des Dendrittes a occupé en tous tems les Naturaliſtes, & aucun d'Eux encore n'en a ſçu dire autre choſe, ſinon que, c'etait un procedé de la Nature operé par des fluides chargés de ſubſtances métalliques. Je ſerai également de ce dernier avis, & je regarderai les phénoménes que nous préſentent ces pierres, comme autant d'Arbres de Diane naturels.

La Sicile en offre beaucoup de variétés dignes du Cabinet d'un Amateur. En voici les principales, avec les réſultats de leur analyſe.

N.ro I. Nom. *Dendritte à fond jaune clair toute couverte de petits filamens noirs de l'Epaiſſeur d'un Cheveux, du Mont Bilemi.*

Qualités. Grain médiocrement fin, Ciment faible, couleur jaune pâle, ramifications conſiſtantes en petits filamens noirs.

Nature. Baze Calcaire, eſpéce de moëllon cimenté par les mêmes principes qui cimentent les variétés de cette derniére ſubſtance, Colorée dans ſon fond par une diſſolution ferrugineuſe ochracée trés légére, quant à ſes ramifications, on ne peut les attribuer, qu'aux principes énoncés au commencement de cette Claſſe ; c'eſt-à-dire, à un fluide chargé de diſſolution métallique tranſſudant à travers les pores de cette pierre, s'y minéraliſant, & y végétant, ſi j'oſe le dire, comme dans les Arbres de Diane. Mais l'arboriſation en eſt indéciſe.

N.ro II.

N.ro II. Nom. *Dendritte à fond jaune clair ſoupondrée de petits bouquets noirs & gris. Les bouquets ne ſont pas ramifiés, mais déſſinent à peu près la figure d'une Marchantine vuë au microſcope, de Bilemi.*

Qualités. Grain médiocrément fin, Ciment faible, couleur jaune tendre dans le fond. Bouquets noirs & gris éparpillés & flottans dans l'immenſité.

Nature. Baze de terre Calcaire cimentée & colorée dans le fond, comme celle de la Dendritte du Numero I. Quant aux bouquets, il faut obſerver quils offrent un double motif de curioſité aux analyſes d'un Naturaliſte Chymiſte, dans la diverſité de leurs teintes, ſans qu'aucune d'elles maniféſte viſiblement le métal agiſſant. Ne pourrait-on pas de cette double nuance deviner le principe arboriſant ? ou plutôt reconnaître ſa marche, encore plus cachée que le principe lui même. Le peu d'union des bouquets eſt accidentel, & provient tantôt de l'interruption de l'action, & tantôt de la faibleſſe du principe agiſſant.

N.ro III. Nom. *Dendritte à fond jaune couverte de groſſes lignes noires, qui ſont toutes terminées par une tache noire, & dans les interſtices des lignes, ſe voyent de petites ramifications très jolies, de Bilemi.*

Qualités. Grain médiocrement fin, Ciment plus puiſſant que dans les deux eſpéces precédentes, couleur jaune tendre dans le fond, groſſes lignes & pétites ramifications noires.

Nature. Baze de terre Calcaire, eſpéce de moëllon, cimenté & Coloré comme les eſpéces precédentes, excepté, que je crois reconnaître dans cette Dendritte cy un peu plus d'acide Phoſphorique. Ce qui donne un peu plus de nerf à ſon ciment, & influe même ſur la nuance générale. Le fond de cette pierre eſt jaune, mais un peu moins clair que les deux autres eſpéces. Les ramifications ſont des plus ſingulières, & il n'eſt point de Naturaliſte qui puiſſe rendre raiſon d'une configuration auſſi bizarre, & qui pourtant doit avoir ſon principe, puis qu'on la voit continuellement repe-

tée

tée dans la même eſpéce de pierre. J'aime mieux ſuſpendre mes doutes à ce ſujet, que de décider ſur un point auſſi mal éclairci.

N.ro IV. Nom. *Dendritte à fond gris bleu arboriſée de noir, de Bilemi.*

Qualités. Grain médiocrement fin, Ciment faible, fond gris bleu, arboriſation noire.

Nature. Baze de terre Calcaire cimentée comme les Dendrittes precédentes, colorée par l'union d'une diſſolution de corps animaux dans l'état de chaux à une diſſolution de corps animaux dans l'état charboneux. Ce qui a produit ſur ce moëllon une teinte gris-bleuë très agréable à l'œil. L'arboriſation de cette Dendritte eſt plus parfaite, il ſemble que la Nature ſe ſoit plu à imiter quelques plantes, particulierement les *fucus*, les *piccea*, & les *meléſes*.

N.ro V. Nom. *Dendritte à fond jaune tachetée de verd foncé, avec arboriſation noire très élaguée.*

Qualités. Grain médiocrement fin, Ciment faible, taches vertes, arboriſation noire.

Nature. Baze de terre Calcaire cimentée par l'acide marin, uni à l'acide phoſphorique, colorée par une légére diſſolution ferrugineuſe dans un état ochracé, mais très délayée. Les taches vertes repanduës dans la maſſe de cette pierre, proviennent de l'infiltration d'une diſſolution végétale, dont on reconnait facilement l'action ſur la croute, qui pour l'ordinaire recouvre ces pierres. Les arboriſations de cette Dendritte, & de celle du Numero precédent ſont ſi vraïes, ſi bien déſſinées, qu'il n'eſt point étonnant du tout que beaucoup de Naturaliſtes, ſe contentant d'une analyſe ſimplement ſuperficielle, aient crûs qu'elles provenaïent d'une plante véritable enfermée dans le ſein du cailloux. Les taches vertes de cette eſpéce n'appuïaient par peu leur ſentiment, mais il n'eſt plus de doute à cet égard. Il ſerait à déſirer pour l'utilité de l'Hiſtoire Naturelle rélativement à la formation de beaucoup de corps ſemblables, que nous connuſſions auſſi bien la marche des corps agiſſants, que nous en connaiſſons les Principes ſecondaires.

Les

Les Dendrittes viennent pour l'ordinaire en cailloux de différentes grandeurs, dans cet état elles ont l'air d'une véritable Géode métallique, & leurs arborisations sont toujours plus parfaites; parceque la croute pierreuse qui les environne empêche jusqu'au contact immédiat de l'air, & l'opération se fait dans un état de tranquillité parfaite. Mais on en trouve aussi en couches, n'excédant pas 5. à 6. palmes de longueur, sur à peu près la moitié de largeur. Dans cet état elles n'ont de croute que d'un seul côté, & paraissent avoir été détachées d'une couche supérieure.

Ce sont ces deux etats que l'on distingue improprement en Sicile par les noms de *Ciacca* & de *Breccia figurata*. Je crois me rendre plus intelligible en me servant pour les premiérs du nom générique de *Cailloux ramifiés*; & de celui de *Dendrittes*, pour les autres.

CHAPITRE VI.

Des produits accidentels.

CLASSE I.

Des Roches à empreintes.

CE que l'on a soupçonné à l'égard de la formation des Ramifications que l'on admire dans les Dendrittes, peut se dire non seulement avec plus de probabilité, mais même d'une maniere très décidée, rélativement à l'origine des phénoménes que nous offrent tant de roches embellies par les plus belles empreintes. Je ne parle point dans ce moment cy des carriéres de Verrone, d'Aix en Provence, de Papenheim, de Prusse, de Saxe, de Hesse &c. je me restraints à l'analyse des seules variétés offertes par le terrain de Sicile.

N.ro I. Nom. *Pierre figurée des environs, de Palerme.*

Qualités. Grain égal, Ciment médiocrement puissant, couleur blanchâtre, empreinte de plantes & de coquilles.

Nature. Baze de terre Calcaire cimentée par l'acide ma-

 rin

rin uni à l'acide phoſphorique, colorée par la teinte naturelle des parties compoſantes, ſâlie par l'infiltration d'une diſſolution de roche pourrie très légére. Cette empreinte eſt duë à une ſimple aggrégation de parties Calcaires dans un état de fluidité moïenne à l'entour d'un corps animal, ou végétal quelconque. Avec le tems, ces corps emprisonnés ſe diſſolvent, ſe putrefient, & leurs débris privés de l'humide qui les liait, tombent en une eſpéce d'efflorescence, & tapiſſent le dedans de leur priſon d'une teinte obſcure, unique reſte, & preuve évidente de leur éxiſtence paſſée. Parmis les plantes, c'eſt *l'Erica ſcoparia* & *ſilveſtris*, le *Rododendron*, les épis de froment, toutes ſortes de joncs, le genet &c., qui ſe voïent le plus communement dans cet état. Parmis les coquilles: ce ſont les *Buccins*, le *Cames*, les *Volutes*, les *Huîtres*, & les *Coeurs de Boeufs*, qui ſont ainſi empriſonnés. On trouve encore de ces roches à empreintes, à Centorbi, à Sainte Caterine, & ſur les Schyſtes qui recouvrent le charbon minéral de la Carrière près de Meſſine. Mais comme c'eſt à peu près la même qualité, je me bornerai à l'analyſe que j'en ai faite cy peſſus, à l'Article des Schyſtes, & je n'entrerai ici à ce ſujet que dans un détail très abregé.

N.ro II. Nom. *Schyſtes charboneux à empreintes, des environs, de Meſſine*.

Qualités. Grain rabotteux, inégal, graveleux, Ciment très puiſſant, couleur noire, empreintes plattes.

Nature. Baze de terre Vitrifiable cimentée par l'acide vitriolique ſouvent avec apparence ſulphureuſe, colorée par une diſſolution végétale réduite dans l'état charboneux, détrempée par quelque huile eſſentielle, & condenſée par l'action d'un acide vitriolique puiſſant. L'empreinte des plantes ſe fait ſur ces pierres de la même maniére que ſur les autres roches à empreintes, avec la ſeule différence que dans celles cy l'action mordante de l'acide cimentant, quoique inviſible en apparence, agit plus efficacement ſur les plantes empriſonnées, & les détruit en peu de tems. Au lieu que les ſucs gras qui abondent dans les autres Roches s'oppoſent à une déſtruction auſſi prompte des corps qu'elles renferment.

CLASSE II.

Des yeux de Serpent.

Autant que les yeux de Chats ſont célébres en Orient, & en Allemagne, autant ſont preſque conſidérés les yeux de Serpent en Italie. La ſuperſtition y a attaché beaucoup de vertus, & le préjugé aveugle & ſervile croit, dans la configuration accidentelle de ces pierres, reconnaître une certaine analogie avec la partie de notre corps qui lui reſſemble le plus. Auſſi anciennement en faiſait-on des amulettes auſſi efficaces pour le mal d'yeux, que la poudre de perlinpinpin; mais très bien païées par les Grands,& parconſéquent très vantées par les Médecins ignorans, & par les Charlatans de ce tems. Toute la différence qui ſe trouve entre les yeux de Serpent, & les yeux de Chats; c'eſt que les ſeconds ſont un produit tenant à la terre Vitrifiable, détaché d'un cailloux de jaſpe ou d'agate, aulieu que les ſeconds, ſont abſolument Calcaires, & proviennent d'un fragment de couche argilleuſe pétrifiée, ou bien, ſont une *goutte* d'albâtre, ou d'alabaſtride. J'entens par *goutte* d'albâtre ou d'autre ſubſtance, ces gouttes colorées qui tombant par des routes ſéparées, & en différents tems, dans un état de demie-coagulation encore, dans les petits ruiſſeaux d'une matiére fluide & différemment colorée, font naître ces cercles repetés auquels, à cauſe d'une reſſemblance très groſſiére, on a donné le nom d'yeux. L'art aide beaucoup la Nature dans cette reſſemblance, par le ſoin que l'on prend d'arondir la plupart de ces cercles par une taille étudiée. C'eſt à Malthe qu'on peut ſe procurer le plus facilement ces ſortes de pierres, parmis leſquels on obſerve des varietés aſsès remarquables pour en hauſſer le prix ſouvent juſqu'au quatruple du prix courrant. Les yeux de Serpent communs ſont à deux couleurs, blanc & noir, les plus eſtimés ſont à quatre : blanc, gris, verd & noir. Entre ces deux etats, il en eſt un médiaire, qui n'offre que trois teintes, la blanche, la griſe, & la noire; ces différentes couleurs proviennent des diſſolutions ordinaires qui bigarent les

 tiſſus

tissus des marbres. La difficulté de trouver de belles pierres en ce genre provient du mêlange ordinaire des teintes entre-elles dans le moment de la dégustation.

CLASSE III.

Des pierres Stellaires.

Autant que les yeux de Serpent avaïent été préconisés pour les maux d'yeux, autant, & plus encore le préjugé accordait-il anciennement de vertus aux pierres Stellaires, à cause de quelques signes caractéristiques qui distinguaïent ces pierres, & qui ressemblaïent un peu à des étoiles, qui, dans ces siécles, comme on sçait, avaïent beaucoup d'influence sur les hommes, & plus d'empire encore sur les esprits crédules.

Ces pierres ne sont autre chose que des Madrepores de différentes qualités, enveloppés d'une incrustation pierreuse, tantôt Vitrifiable, tantôt Calcaire, suivant la qualité du terrain dans lequels il se trouvent emprisonnés; & pétrifiés eux mêmes par un suc lapidifique si puissant, que ne leur laissant que leur configuration extérieure, il pénétre ces produits au point qu'il dénature leur substance, & les fait devenir, pour ainsi dire, de la nature des particules qui les renferment. La France, la Suisse, les Alpes, abondent en ces productions, & par tout ou la mer a pû laisser quelque vestige de son séjour, on retrouve ces témoins irreprochables des dépôts considérables faits par cet élément sur notre Globe. La Sicile ayant été exposée à des revolutions fréquentes & presque générales, a vû détruire dans son sein tout ce qui ne pouvait pas offrir un obstacle insurmontable à la violence d'une lave enflammée. De cette maniére les pierres Stellaires sont absolument inconnues, à plus des deux tiérs de la Sicile, & même celles qu'on trouve à Girgenti. Les Scoglietti, les fleuves Durillo, Achates &c. sont pour la plupart roulées, petites, & d'une qualité très commune. Les plus ordinaires sont les *Tibulites*, les *Cérebrites*, & les *Oeillets*.

CLASSE IV.

De la Lunaria.

La singularité de cette pierre, & la maniére dont je sçoupçonne qu'elle se forme, m'a engagé à en faire une classe particuliére, sans quoi j'aurais dû la placer parmis les produits Reffractaires, étant visiblement de cette Nature.

Ainsi que dans les pierres Stellaires les Madrepores servent de noyau ou de centre, autour duquel s'ammoncèlent, & se condensent les terres ambiantes; tout de même dans la Lunaria, ce sont les Dentales qui sont emploïées par la Nature au même office, ce qui produit dans cette pierre une triple varieté suivant la taille qu'on lui donne; l'horizontale est la plus belle, car elle presente une surface lisse à fond jaune clair parsemé de petits cercles un peu oblongs & blanchâtres, avec une nuance toujours plus affaiblie vers le centre & vingt petits cercles l'un dans l'autre finissant par un point blanc. La coupe diagonale presente le même phénoméne, excepté que les cercles sont plus oblongs, & le point du centre est plus large. La taille perpendiculaire, offre l'image d'un Madrepore Tibulite, ou d'un buffet d'orgue, dont chaque tuïau est plus étroit vers le haut, plus large vers le bas, & chaqu'un d'eux est séparé par une petite raïe jaune. La pétrification de ces corps n'en a point changé la Nature. La tuïaux des Dentales font toujours effervescence avec les acides, & le fond etant argilleux, est absolument Vitrifiable. Cette pierre vient des environs de Sciacca, & ne passe guerres la largeur de deux palmes au plus. Il faut être sur ses gardes au sujet de cette pierre, car les marbriers Siciliens qui l'estiment beaucoup, ont mille moïens pour tromper les Achetteurs, & surtout les Etrangers, sur lesquels l'urbanité générale de la Nation ne s'est point encore étendue à ce sujet.

CON-

CONCLUSION.

DE cette Analyſe générale de toutes les pierres de la Sicile, dont tout Lecteur judicieux ſentira aiſément l'immenſe travail, il eſt bien facile de connaître quel a été le motif qui a guidé ma plume, & qui ſeul a pû me faire ſurmonter tous les obſtacles, pour ne pas dire tous les périls que j'ai bravé pour parvenir au but que je m'etais propoſé. Mon eſtime pour une Nation vraiment reſpéctable par ſes vertus; & par ſes belles qualités, a fait naître dans mon coeur l'envie de pouvoir lui être utile; les rares dons, dont la Nature a enrichi ce pays, m'en ont fournis l'occaſion, je l'ai ſaiſie avec empreſſement, & rien ne m'a couté, lorſque j'ai vû que je pouvais concourrir à augmenter ſon bien être, par la ſimple expoſition des richeſſes dont la Sicile regorge, & qu'elle ne connait pas elle même. J'ignore ſi j'ai rempli mon objet avec la dignité qui lui convient, un pareil ſujet aurait exigé une plume plus vigoureuſe; mais j'ai cru qu'en traitant une ſemblable matiére il ſuffiſait d'unir le flambeau des Connaiſſances à celui de la Verité.

DISCOURS

DISCOURS
SUR LA VITRIFICATION
DITTE CALCARA DE PALERME.

Ien n'est plus commun que les verres colorés, l'Allemagne, & sur tout la Bohéme en abondent. Il n'est plus même de boutique de verrerie un peu bien fournie, ou l'on ne trouve aujourd'hui des cristaux de toutes les couleurs possibles. Mais les vitrifications de S.t Martin près de Palerme, sont d'une nature qui n'a aucune co-rélation avec ces productions, & ne peut leur être même assimilée que comme vitrification. En ce cas là, elle ressemble aussi aux laves, & aux differens produits que les Volcans vomissent, & dont ils recouvrent leurs Cratéres.

On connait dans la Nature trois sortes de vitrifications, celle qui produit les pierres precieuses, & qu'on connait mieux sous le nom de crystallisation; qui est la plus parfaite de toutes, parce qu'étant l'ouvrage du tems, sans l'intermede d'aucune action violente, ses parties sont beaucoup mieux rapprochées, & les vapeurs métalliques qui s'y trouvent renfermées, y paraissent avec plus d'éclat, parceque l'égalité des angles reflechit mieux les faisceaux lumineux. Les vitrifications Volcaniques composent

celles

celles de la ſeconde eſpéce ; le violent dégré de chaleur que les matiéres liquefiées, reçoivent, l'abondance du Phlogiſtique ; le concours de cent natures différentes ; preſentent quelque fois dans cette claſſe des productions étonnantes, pour leſquelles ſouvent il n'eſt pas de nom connu dans aucune langue, & dans la formation deſquelles un Chymiſte, quelque habile qu'il ſoit, eſt bien des fois embaraſſé de reconnaître les corps qui y ont concouru. Telles ſont ces belles laves qu'on admire ſur le Veſuve, & ſur l'Etna, la pierre Obſidienne de Strongoli, les vitrifications du Volcano &c.

Les vitrifications faites de mains d'hommes forment la troiſiéme claſſe, & la plus nombreuſe, parceque le beſoin & le luxe éguillonnant les génies laborieux, leur a fait faire mille découvertes très-agréables, & très-utiles en ce genre. Il faudrait un volume entier pour la ſeule énumération des vitrifications que Veniſe, Dreſde, & Paris ont fourni aux Amateurs ; Kunkel & Henkel en ont connu plus de quatre cent eſpéces différentes. Et depuis eux leur nombre a conſidérablement augmenté.

Lâs de colorer la plupart de ces vitrifications par les vapeurs métalliques, ou par l'alliage des méteaux, & des demi méteaux mêmes. Iſaac Roſneck Flamand, a été le premier qui ait tenté de puiſer dans le règne végétal des couleurs plus vives que celles qu'offraïent les Emaux, & de chercher ſi j'oſe le dire, une autre nature de vitrification. Après Lui, beaucoup de Chymiſtes ſont entrés dans la même carriére, & en marchant ſur ſes traces, ont trouvé les verres d'Héliotrope, de Genet, de Fougére, de Ris, de Soude, d'Ortie, de Bruïere &c.

Quand je dis verre d'Héliotrope, ou de Ris, je ne prétens pas pour cela que les ſeuls ſels de ces plantes ſoïent capables de produire les vitrifications qu'on vend ſous ces deux noms.

La baze ſera toujours une terre vitrifiable quelconque, à laquelle la jonction des ſels d'une plante ajoute ou donne la tranſparence, & la couleur.

La Calcara de Palerme eſt dans ce genre, & c'eſt le Genet dont on employe les ſels dans ce pays. C'eſt même au hazard qu'on doit la découverte de cette nouvelle vitrification, d'autant plus ſinguliére qu'elle provient d'une pierre calcaire.

Je

Je vais commencer par l'histoire de la découverte, ensuite je donnerai les procedés rélatifs aux variations des teintes ; puis, je ferai connaître l'usage qu'on peut faire de ces vitrifications, eu égard à la grandeur des morceaux.

Dans les Montagnes de Palerme, il en est très peu de primitives, presque toutes, dans une formation secondaire, presentent par tout la terre Calcaire sous mille aspects differens, en marbres, en albâtres, en concrétions, en stalactites &c.

Cependant il en est dont le centre renferme un noyau conique primitif, & c'est là qu'on trouve ces belles agates, ces beaux jaspes qui font une des premiéres richesses de Sicile, & captivent l'admiration des Etrangers mêmes les moins Connaisseurs.

Cette abondance de terre Calcaire offre naturellement une grande quantité de bancs de pierre à chaux. S.t Martin, Riche Couvent de Bénédictins à sept miles de Palerme, dans le vaste Domaine de sa dépendence en a prodigieusement, & fait non seulement pour son usage, mais encore pour qui vient en achetter, une chaux excéllente qu'on préfere même à toute autre du pays, à cause de sa blancheur, & l'espéce de gluten qu'elle contient, & par lequel ses parties cimentent mieux les matérieux entre lesquels on l'employe.

J'ignore la raison de son extrême blancheur, c'est apparemment la nature de la pierre elle même. Quant au gluten, les essais chymiques que j'ai fait sur la pierre, m'en ont fait appercevoir la raison, & j'en rendrai compte à la fin de ce Discours.

Le manque de bois, & la quantité extraordinaire de genet qui croit sur toutes ces montagnes, on fait emploïer cette derniére plante à éclairer les fourneaux déstinés à calciner la pierre à chaux ; l'immense quantité qu'on en brulait tous les jours, pendant la quinzaine que le fourneau était allumé, laissait émaner beaucoup de sels qui tapissaïent tout le cendrier d'une espéce de sélénite saline, lorsque les plantes, étant déjà consumées ne fournissaïent plus de sels, le violent dégré de chaleur qui se trouvait alors concentré dans le fourneau agissant sur les pierres qui y étaient renfermées, après avoir calciné tout ce quelles pouvaient avoir de

 calcai-

calcaire , agiſſait en ſuite ſur quelques grains vitrifiables ou refractaires qui ſe trouvaïent par hazard dans ces pierres , & ſur le fer en diſſolution, qu'elle contiennent aſsès abondemment , combinait le tout avec ces ſels, qui, formant alors un eſpéce de flux , facilitaïent la fuſion, rendaïent la vitrification plus pure, parconſéquent plus diaphane , eſt qui plus eſt , la coloraïent.

Dans cet état. Suivant la nature des flux, cette vitrification ſe faiſant peu-à-peu, formait une eſpéce de croute au deſſous, & à l'entour des pierres réduites en chaux. Pendant un tems très conſidérable, ne faiſant pas plus de cas de ces vitrifications, qu'on n'a coutume d'en faire de celles qui ſortent des fourneaux ou l'on fond les minerai de cuivre ou de fer, ou de plomb, on les jettait; il y a même beaucoup de maiſons anciennes qui en ſont baties toutes entiéres. Mais l'induſtrie commençant à étendre toujours de plus en plus ſon empire dans ce pays fortuné, les belles teintes qu'on a remarqué dans cette vitrification l'ont fait emploïer par les marbriers, au déffaut du Lapis-lazuli, dont cette production joue aſsès bien l'oeil à une certaine diſtance. Par ce moïen les Proprietaires, ſans s'en douter, ont trouvé une production nouvelle qui ne laiſſe pas d'être d'un certain rapport.

Quoiqu'il ſemble que ce ſoyent toujours les mêmes Principes qui concourrent à la formation de cette vitrification, il s'en faut de beaucoup que les teintes de tous les morceaux ſoient égales. Elles varient même à l'infini, mais, voici les nuances principales, avec le procedé de leur formation, ſuivant que j'ai été à même de m'en convainere par mes eſſais Chymiques, & par l'obſervation des couches de ce *ſchlis*, ou croutte.

I. *Calcara bleue foncée*. Vitrification à baze de terre argilleuſe, avec ſurabondance de fer, & peu de ſel.

II. *Calcara bleue claire*. Vitrification à baze de terre argilleuſe, avec parties égales de fer, & de ſel.

III. *Calcara noire*. Vitrification à baze de terre argilleuſe, avec ſurabondance de ſel, & très peu de fer.

IV. *Calcara d'un verd celadon*. Vitrification à baze de terre refractaire avec très peu de terre argilleuſe, & parties égales de fer, & de ſel.

Telles

Telles ſont les teintes principales de cette vitrification ; voici à preſent les accidens qu'on y trouve communément, & qui ne laiſſent pas d'avoir leur mérite, & leur prix.

I. *Calcara Etoilée à fond bleu clair*. Vitrification à baze de terre argilleuſe avec parties égales de fer, & de ſel ; Mais dans laquelle ſe trouvent des aiguilles de la cryſtalliſation ſéléniteuſe du ſel de genet, coupées tranſverſalement.

II. *Calcara noire Etoilée*. Même accident arrivé dans une vitrification à baze de terre argilleuſe, avec ſurabondance de ſel, & très peu de fer.

III. *Calcara bleue foncée à baguettes comme les ſerpentines*. Vitrification à baze de terre argilleuſe avec ſurabondance de fer, & peu de ſel. Dans laquelle ſe trouvent éparſes au hazard pluſieurs aiguilles de la cryſtalliſation ſéléniteuſe du ſel de genet, couchées horizontalement, & quelque fois diagonalement.

IV. *Calcara noire, à grains de pavôts blancs*. Vitrification à baze de terre argilleuſe avec ſurabondance de ſel, & très peu de fer ; dans laquelle ſe trouve un peu de nitre, ou de ſel marin, dépoſé apparemment ſur les pierres par l'humidité de l'air avant qu'on les eut miſes dans le fourneau.

V. *Calcara bleu claire à ondes d'un bleu un peu plus foncé*. Vitrification à baze de terre argilleuſe avec parties égales de fer, & de ſel. Mais la fuſion des matières qui y ont concourru, ne s'eſt point fait, dans un ſite égal, la matiére liquefiée a été obligée de s'ecouler entre des morceaux non fondus encore, & ces différentes couches ont conſervé dans leur réffroidiſſement les ſinuoſités qu'elles ont décrites dans leur écoulement.

VI. *Calcara bleue ou noire, à points blancs farineux*. Vitrification defféctueuſe, ſoit à baze argilleuſe avec ſurabondance de fer, & peu de ſel ; ſoit avec parties égales de fer, & de ſel, ſoit enfin, avec ſurabondance de ſel, & peu de fer. Mais faite, pour ainſi dire, par bonds, & par ſauts, avec l'admiſſion des particules Calcaires voiſines calcinées, ou des particules Refractaires à moitié vitrifiées.

Quinze jours est le tems qu'on donne à S.t Martin à la parfaite calcination de la pierre à chaux, & il suffit pour donner à cette vitrification l'éclat, les couleurs, & la dureté qu'elle a. Je crois que l'on pourrait ajouter encore à chaqu'une de ces qualités, si l'on voulait compliquer un peu plus ce procedé, en admettant dans les fourneaux, d'autres herbes à sels agissans, & d'autres flux. Cela produirait des combinaisons variées, peut être même singuliéres, & ne nuirait en rien à l'objet principal, c'est-à-dire à la chaux, qui provennant d'une terre calcaire, parconséquent d'un principe entierément différent de la terre vitrifiable, & des flux; ne pouvant point se combiner avec aucun des corps qui seraïent admis dans les fourneaux; au milieu des vitrifications différentes qui s'y formeraïent, conserverait toujours sa pureté, & si j'ose le dire, acquererait peut-être encore un dégré de bonté de plus, par la plus grande division de ses molecules triturées, & broïées par l'action mordante des sels, qui s'y trouveraïent.

Comme toutes les vitrifications en général, sans en excépter même celles qui sortent des fournaises Volcaniques, celle de S.t Martin près de Palerme, ne se forme qu'en petits morceaux, qui ne passent pas pour l'ordinaire six pouces de longueur, sur, à peu-près, quatre Pouces de largeur, & autant de hauteur, ou d'épaisseur. Ce qui empeche qu'on n'en puisse faire des meubles d'un certain prix. Cette matiére dailleurs se travaillant très bien, & recevant un très beau poli, excépté lorsque la Calcara est étoilée ou mouchettée, car alors tous ce qui n'est pas le fond même de la vitrification, ne prend qu'un poli terne, & qui par consequent n'a plus ce tact velouté au toucher, qui fait un des principaux mérites des ouvrages de ce genre.

La dureté de la Calcara surpasse de beaucoup celles de tous les Marbres, des Albâtres; Allabastrides, Concrétions & autres corps calcaires, ressemble beaucoup même à celle des crystaux de roche de Bohéme, mais ne s'approche nullement de celles des agates, & des jaspes de Sicile qui, different eux mêmes beaucoup des pierres orientales en ce genre. Cependant on est obligé de la travailler à la rouë, sur tout pour en faire des boëtes ovales ou rondes de deux

mor-

morceaux ſeulement, des petits vaſes, qui au premier coup d'œil ſemblent être de lapis-lazuli &c. Et l'on ne reconnait même que c'eſt une vitrification, qu'en mettant le corps entre l'œil, & le jour. A lors une teinte d'un verd de veſſie décele l'arrangement ordinaires des particules vitrignes, & la magie de la couleur operée par la refraction des faiſceaux lumineux, n'eſt plus ſujette à l'illuſion d'une ſurface colorée.

Pour ne rien laiſſer à déſirer ſur ce chapitre je vais joindre ici l'analiſe que j'ai faite de la pierre Calcaire qu'on emploïe, dans les fourneaux à chaux de S.t Martin, & qui produit cette vitrification.

La couleur de cette pierre varie ſuivant les différentes proportions des corps hétérogénes qu'elle renferme.

Elle eſt d'un jaune rougeâtre lorſqu'elle contient du fer en diſſolution, ſous une forme ochracée. Elle eſt d'un jaune extrêmement pâle, lorſqu'elle eſt dans ſon état de pureté naturelle. Elle tire ſur le rouge pâle, lorſque la preſence d'un alkali volatil y a formé la combinaiſon d'un *hepar ſulphuris*. Preſence que l'on reconnait toute de ſuite par l'odeur forte qui s'en exhâle. Mais ces combinaiſons ſont très rares ici.

Le grain de la pierre eſt d'une double qualité; il en eſt qui forme un vrai tuf coquiller, mais on en fait très peu d'uſage parce qu'il donne peu de chaux. En cela on a tort, car la chaux coquillere eſt la meilleure pour cimenter les matérieux. L'autre grain eſt uni, friable, opâque & d'un jaune pâle, comme je l'ai dit plus haut, quand il n'admet aucun mêlange.

Dans la formation de cette vitrification il y a une contradiction ſinguliére à obſerver; c'eſt que le genet qui n'eſt brulé que quelques jours après qu'il a été coupé, donne très peu de ſel, car la majeure partie s'en évapore pendant le tems de ſon repos. Au lieu que les pierres qu'on employe tout de ſuite en les tirant de la carriére ne valent jamais celles qu'on a laiſſé en tâs pendant quelques ſemaines, la chaux qui en provient eſt plus blanche, & les vitrifications ont plus d'éclat. Serais-ce l'air qui, par ſon influence, faciliterait la calcination en aidant à diviſer mieux les parties, & qui dépoſerait, en même tems, mille particules ſalines ſur ces pierres.

Voici

Voici la pierre d'achoppement de l'Obſervateur, & c'eſt dans de ſemblables analiſes que les connaiſſances du plus habile homme échouent. Toutes les ſciences ont leurs écueils mais ſur tout celle de la Nature, dont le champ eſt ſi vaſte, & ſi fort en proïe aux écarts d'une imagination déréglée. Il faut cependant eſpérer que chaque moment ajoutant au capital de notre acquit, un jour fixera enfin notre incértitude, & s'il ne nous rend pas raiſon de tout, il rendra du moins, à cet égard, nos déſirs plus ſobres, par la connaiſſance de notre propre faibleſſe qu'il nous fera mieux connaitre.

AVIS

AVIS
DE L'AUTEUR.

J'Etais occupé de l'impréssion de cet Ouvrage, lorsque je reçus par la poste une lettre de la part d'un Anonime, renfermant les articles suivans rélatifs à ma Lythographie Sicilienne. Flatté de l'honneur qu'on faisait à cette production de la croire digne d'une Critique, j'aurai bien voulu en remercier l'Auteur, & répondre, en même tems aux objections qu'il me faisait. Mais, ne sachant ou adrésser ma réponse, j'ai pris le parti de faire imprimer l'une & l'autre à la suite de ma Lythologie. De cette façon, j'espére pouvoir satisfaire, aux demandes de l'Auteur anonime, & répondre, en même tems, aux nouvelles difficultés qu'on pourrait élever sur le même sujet. Pour n'avoir aucun reproche de manque d'exactitude à me faire, j'ai fait imprimer la lettre telle que je l'ai reçue, ne me permettant que la simple coréction de quelques fautes d'ortographe échappées à la plume de l'Auteur. Quant-au stile, c'est celui de l'original.

LETTRE

D'UN ANONIME

Adreſſée à l'Auteur, au ſujet de ſa Lythographie Sicilienne imprimée à Naples en 1777.

TOut Amateur de la Minéralogie ſçaura, aſſurément beaucoup de-gré à l'illuſtre Auteur de la Lythographie Sicilienne du cadeau agréable qu'il lui en a fait, puis qu'on y eſt informé d'un pays bien moins connu de quelques Provinces de l'Amérique. Nous éſperons qu'il voudra remplir ſa proméſſe & ſatisfaire notre attente ſur les Tomes ſuivans, & Lui en rendons déjà graces d'avance. Nous ſouhaiterions auſſi, qu'il voulut ſe charger de la Minéralogie Sicilienne en général, c'eſt-à-dire qu'il traita les métaux, demi-métaux, ſels, bitumes, terres &c. de cette Isle, car, quoique ce champ ſoit bien vaſte, perſonne ne nous paroit plus propre à rendre cet important ſervice au public que l'illuſtre Auteur, vû les grandes liaiſons qu'il a dans le pays, réunies à ſes belles connaiſſances. Nous trouvons dans les Cabinets des curioſités naturelles maints minéraux qu'on nous donne comme venant de la Sicile & qu'il faut prendre pour tels ſur la parole des proprietaires. Quelle action généreuſe! ſi en donnant une Minéralogie éxacte de la Sicile, l'illuſtre Auteur voulût par là déſabuſer les Amateurs, & dévenir par là leur Inſtructeur.

Sur une réquiſition éxpréſſe nous prennons la liberté de faire ici quelques remarques ſur le Tome I. (*a*) de la Lythographie Sicilienne, non pas pour critiquer l'Ouvrage, mais uniquement afin de nous inſtruire & de nous éclaircir ſur pluſieurs doutes que la léćture de l'Ouvrage en queſtion a fait naître.

I. Pour quoi M.r le Comte a-t-il mieux aimé de diviſer les pierres en *Dures*, *Semi-dures*, *Tendres*, & *de différentes Natures*, au lieu de ſuivre la partition reçue de nos meilleurs Auteurs Minéralogiſtes, comme Valerius, Cronſtaed, Bomare &c. La dureté des corps naturels nous paroit trop vague, trop inſuffiſante pour qu'on puiſſe la prendre pour un ſigne caractériſtique capable a diſtinguer les différentes éſpeces d'entre elles, & ne nous indique nullement la Natu-

(a) *La Lythographie & la Lythologie Sicilienne, la Théorie des Volcans, la Minéralogie Docimaſtique Métallurgique ſuivie de la Minerhydrologie, & le Botanicon Ethnenſe, ne compoſent point les Tomes d'un ſeul Ouvrage; ce ſont des traités ſéparés offerts déjà au Public, ou devant l'être dans peu, mais ſans aucune rélation de l'un a l'autre.*

Nature des choses; au lieu, si je dis: quartz, spath, fluor, chaux, argille &c. tout le Monde instruit entend dabord ce que je veux dire par là. De plus la classification adoptée par l'illustre Auteur donne lieu à confondre aisement des varietés d'une même éspece; en un mot elle fait soupçonner, comme si la Lythographie Sicilienne n'eut été écrite que pour des lapidaires; au lieu qu'elle merite l'attention de tous les Connaisseurs.

II. Une fois adopté cette méthode, il falloit ranger chaque éspece sous son genre, ce que l'illustre Auteur ne paroit pas avoir observé, s'étant, apparement reposé sur la fidelité des lapidaires, qui, à la verité peuvent mieux que tout autre, juger de la dureté de chaque pierre qu'ils travaillent, mais dont l'interêt n'est pas toujours d'avouer la verité. Nous avons l'honneur d'assurer M.r le Comte, que les Dendrictes, les Lumachelles, (marbre à coquilles) les Serpentines, les pierres Stellaires, en tant qu'elles ne sont pas changées en matiére agatine, les spaths, les concretions, ou pierre stalactiques &c. ne sont pas plus dures que les marbres. Le silex, au contraire, les porphyres & certaines éspeces de granites, méritent plutôt une place parmi les pierres dures, les granites en général, enfin, les basaltes, les pierres à rasoir, apartiennent à cette classe que l'illustre Auteur apelle demie dure. Il se peut, neanmoins que la Sicile produise ces fossiles d'une texture différente, & en ce cas nous avouons notre tort.

III. Le nombre des jaspes & d'agates exposé dans la Lythographie Sicilienne, est assurément si grand, qu'il n'y a pas de pays connu, ou on en ait trouvé autant. Reste à savoir si ce sont autant de varietés stables & constantes, dérivantes toutes de certains caveaux en gallerie ou en couche, car si cela n'est pas, & que les variétés adduites viennent des caillous trouvés au hazard par çi par là, notre étonnement sur la pretendue richesse en cette sorte de productions de la Sicile cessera, & nous n'y trouverons rien de particulier, vû que tout autre pais en pourra produire autant. Preuve de cela la Pologne, qui, n'ayant pas une seule mine de cette éspece est aussi richement douée en toutes sortes de cailloux que la Saxe ou la Boheme. Mais si nous voudrions dire; que telle ou telle éspece s'y trouve, ce seroit en imposer au public, car nous ne serons pas sûrs d'en trouver deux morçeaux égaux. De plus un seul caveau contient ordinairement plusieurs variétés, que les lapidaires savent encore considerablement augmenter par les différentes coupes, il faut donc être sur ses gardes contre eux, sans quoi on risque d'en être séduit.

IV. Pour ce qui est des pierres précieuses dérivantes & trouvées dans la lave, elles ne sont, au fond que des vitrifications produites par le feu des Volcans. Le Lord Hamilton nous en a déjà donné d'asèz bonnes déscriptions, dans son mémoire sur le Vesuve. Mais serois-ce bien possible que la Sicile entiere, composée de tant de Montagnes manquat tout-à fait de crystallisations quartzeuses

 colo-

colorées, telles que les Topazes, les Amethystes, les Saphyrs, les Grenates, les Berils, les Chrysolites &c. Donnons qu'on n'en trouve pas en cailloux parceque les couches de terre de cette île ne sont composées que de lave, mais il y a cependant beaucoup de Montagnes, seroient-elles entiérement dépourvues de gangues? L'illustre Auteur nous cite lui-même, outre la grande liste d'agates & de jaspes, qui ne croissent au fond, qu'en gallerie, quelques mines, preuve donc qu'il y en a, comme nous le savons par d'autres; il paurroit y en avoir bien d'avantage, si la Nation ne l'eut pas empêché, par les obstacles qu'elle fit aux mineurs Saxons que le Roi d'Espagne d'aujourd'hui avoit fait venir à grands-faix. Ce sera donc aussi la raison, pourquoi l'on est jusqu'a présent dans la ferme persuasion qu'il n'y ait point de mines de fer, tendis qu'on en a d'aussi grands indices dans les couleurs des marbres & d'autres pierres. Nous restons encore toujours dans la ferme persuasion que l'Evangile se verifiéroit aussi ici, pourvu qu'on en suivit les préceptes: cherchez, & vous trouverez.

V. C'est un fait que la plupart de pierres précieuses colorées perdent leur couleur dans un certain dégré de chaleur. Il n'est pas moins vrai qu'on peut teindre des cristaux sans les fondre, mais il ne suit pas de la que toute pierre cristalline colorée reçoive sa couleur au moyen de la fumigation. L'art de faire des pierres précieuses est, à la verité de nos jours bien plus en vigueur que jamais, mais il n'en est pas plus connu que s'il n'éxistoit pas du tout. D'ailleurs, comme c'est une chose connue que toutes les crystallisations presque soient l'éffet de l'eau il est plus naturel de croire que ces crystallisations soient déjà teintes dans leur état de fluidité, que si nous voulions nous persuader qu'elles le deviennent après par des vapeurs métalliques. Nous n'insistons cependant pas sur notre opinion, & serons d'abord prêts a admettre celle de l'illustre Auteur, dès qu'il nous aura convaincus de notre erreur.

Enfin nous osons prier M.r le Comte de vouloir bien à l'avénir ajouter deux étiquettes très-nécéssaires à l'énummeration des fossiles Siciliens, qui sont celles de l'éspece de la Montagne ou de terre, où on les trouve, comme aussi celle de l'épaisseur & profondeur du filon. Deux circonstances fort importantes pour les Connoisseurs, & qui donnent lieu à juger de bien des choses.

RE-

RÉPONSE

À LA LETTRE DE L'ANONYME.

AVant que d'entrer en matiére, & avant que de répondre aux objéctions qui m'ont été faites par l'Auteur de la Lettre Anonyme; je crois de mon devoir de le remercier de la maniére obligeante & pleine d'indulgence dont il a bien voulu traiter ma Lythographie, & son Auteur. En parlant des Détracteurs de la Littérature, un célébre Poëte a dit: *la Critique est aisée, mais l'art est difficile*, cet axiome n'a en vue que ces Zoïles dont la plume envieuse répand sur tout ce qu'elle touche le fiel amer dont ils se nourissent eux mêmes; mais en lisant une Critique aussi judicieuse, & aussi honnéte que celle qu'on m'a fait l'honneur de m'adresser, bien loin de m'en plaindre, j'ai tout lieu d'en devoir être flatté; & quoique nous ne soïons pas du même avis sur beaucoup d'Articles, je ne puis m'empêcher de déclarer que j'aurai autant de plaisir à connaître le Naturaliste Anonyme, que j'en ai eu à lire les observations que renferme sa Lettre, & aux quelles je tacherai de répondre le mieux qu'il me sera possible, également par Articles séparés, ainsi que l'a fait l'Anonyme, afin d'opposer mieux la deffense à l'attaque.

I. Dans le premier Article de cette Lettre on parait étonné de ce que je me suis absolument écarté de la route que beaucoup d'Auteurs très respéctables m'avaïent tracés dans la maniére de Classer les produits de la Nature rélatifs au Règne Minéral. J'aurais à cette objection une réponse fort simple à donner; c'est que dans tout ce qui n'est pas fondé sur une verité constante & généralement reconnue, il est permis à chaque Etre pensant d'établir des doutes, de former des systêmes, de chercher enfin par mille efforts à mieux connaître la chose qu'on ne l'a connue jusqu'à present. Mais je ne me contente pas de cette réponse; c'est trancher le noeud Gordien, En exposant ici les motifs qui m'ont engagés à agir ainsi, je tacherai de le délier.

Valerius, Cronsted, Bomare & tant d'autres célébres Minéralogistes, voulant classifier les produits de la Nature rélatifs au Règne Minéral, tantôt ont décrit chaque espéce d'après ses qualités particuliéres, tantôt parlant génériquement, ont placé les substances sous une classe générale. C'est ainsi que l'on voit dans beaucoup d'Ouvrages les Spaths, les Quartz, les Concretions &c. décrits dans des Chapitres séparés, tandis que dans d'autres, ces mêmes substances ne sont dépeintes que très en abrégé, & tous les efforts de l'Auteur n'ont eu pour objet que le devéloppement des

 mar-

marques Caractéristiques des qualités rélatives à la Nature de la terre qui a influé sur la formation de ces produits.

Je suis trop persuadé de l'utilité de ces deux méthodes pour ne pas les avoir employées toutes les deux, ou du moins une d'elles dans ma Lythographie, si j'avais ambitionné de Lui procurer le titre d'Ouvrage Classique; mais ayant en vuë de traiter cette matiére plus au long dans ma Lythologie, j'ai fait ce Catalogue raisonné, uniquement pour mon instruction, ainsi que je l'ai annoncé dans mon Discours Préliminaire placé à la tête de la Lythographie; & sans embrasser la méthode systématique de ces sortes d'Ouvrages; j'ai classé ces substances ainsi que les classent les Marbriers eux mêmes; c'est-à-dire, suivant leur degré de dureté (a). L'amitié, & l'envie d'être utile à un pays où j'ai passé des momens bien agréables, m'ont fait publier des remarques faites simplement pour aider ma mémoire; & pour mettre mon labeur plus à la portée de ceux que je voulais servir, j'ai eu pour eux la même indulgence que j'avais eu pour moi. Les louages obligeantes de l'Auteur Anonyme ne m'empecheront pas de developper ici le motif & l'objet de ma Lythographie, je ne l'ai point écrite pour les Naturalistes savans; ils connaissent trop bien la Nature, sans que je me donne la peine de leur définir chaqu'un de ses produits: j'ai écrit pour les Marbriers, & pour les Amateurs, afin d'éclairer les uns sur la Nature des substances qu'ils emploïent journellement, & de mettre les autres dans le cas de se procurer toutes les productions précieuses de ce genre, dont la Sicile peut embellir leur Cabinet. Dans ma Lythologie j'ai eu un autre objet, & nécéssairement j'ai du suivre un plan différent.

En m'invitant à me charger du soin de donner une déscription éxacte des produits rélatifs à la Minéralogie Sicilienne, l'Auteur Anonyme me fait beaucoup trop d'honneur; en lui réiterant mes remercimens au sujet de l'opinion avantageuse qu'il veut bien avoir de mes travaux, je prendrai la liberté de lui rappeller que quoique privé des encourragemens qu'il me donne, déjà dans ma Lythographie j'ai osé annoncer au Puplic mes projets sur cette partie de l'Histoire Naturelle de la Sicile. Je lui rappelle cette particularité afin de le faire ressouvenir que dans le même Ouvrage parlant du faible merite de cette production ephémére, j'ai annoncé un Ouvrage uniquement reservé à la partie principale de la connaissance des pierres, c'est-à-dire, au secret de leur formation. D'après cet exposé l'Auteur Anonyme pouvait aisément concevoir dans quelles

(a) *Pourquoi la dureté des corps devrait-elle être vague & insuffisante à la parfaite distinction des produits moins précieux de la Nature, puisque c'est la marque Caractéristique la plus sûre pour faire reconnaitre le Diamant du Cristal, l'Emeraude du Praze, le Rubis de la Vermeille, la Jacinte du Grenat, la Topaze de la Crysopraze &c.....*

les bornes j'avais voulu renfermer ma Lythographie. Et les dénominations de, *Dures*, *Sémi-dures*, *tendres* & *de différentes Nature*; que je donne aux pierres, sont autant de Toucheaux, ou plutôt sont autant de Guides pour conduire les Amateurs simplement curieux, ou bien les Artistes simplement laborieux, comme l'est le plus grand nombre dans les deux classes.

II. La seconde objéction de l'Auteur Anonyme roule sur la maniére dont j'ai classifié les produits différens que j'ai analisés, même en suivant la méthode que j'ai embrassée. Rélativement à la premiére inculpation, de m'être peut-être trop fié aux marbriers du pays, je compte y répondre dans l'Article suivant, plus propre à mon avis à cette discussion; quant au second point, dans lequel l'Anonyme classe la dureté respéctive des produits, j'oserai lui demander la permission de m'etendre ici un peu. Quelques veines agatines, quelques dépôts crystallisés, ne changent point la Nature du marbre dans le sein duquel ou rencontre ces accidents par hazard. Ainsi, qui dit marbre, dit une substance Calcaire, plus ou moins dure, suivant l'action plus ou moins vive des acides qui ont concourrus à sa cimentation, & surtout par la finesse de ses parties composantes qui ont permises une juxta-position plus ou moins uniforme, une union plus ou moins stricte. Les variétés à ce sujet sont infinies, mais la différence en général est très peu de chose.

Il n'en est pas de même des autres produits que cite le Naturaliste Anonyme. Les Spaths fusibles sont très durs, comme Nature entierement Vitrifiable; les Spaths vitreux, leur cédent très peu quant à la dureté, étant le produit d'une terre Refractaire. Les Spaths ordinaires mêmes, quoique tout à fait Calcaires, ont un degré de dureté bien différent de celui des marbres. Les Dendrittes, ont pour elles une baze refractaire, & une dissolution métallique, deux motifs suffisans pour donner à leur ciment un nerf que n'a pas celui qui unit les atômes des marbres. Les Lumachelles & les marbres à coquilles, car je distingue les unes des autres, sont peut-être les seuls produits qui offrent une dureté égale à celle des marbres; encore, dans cette Nature, est il des espéces, qui ont des veines étrangéres très dures. La Serpentine, espéce de pierre Smectite, ou de pierre Ollaire, est trop détrempée par des Principes huileux & alkalins, pour ne pas offrir à la taille une résistance très opiniâtre. Il suffirait je crois pour prouver sa dureté, de sçavoir que cette pierre acquiert au feu un degré de dureté inconcevable, pour être persuadé que cette substance n'est point d'une Nature aussi peu solide que le marbre. Les Concrétions les plus délicates sont toutes ignescentes, & comment pourraient-elles faire naître l'etincelle, si leur parties composantes n'offraïent à l'acier une résistance égale? Il en est de même des Stalactites, des Stalagmites, des Ostéocoles ignescentes &c. Les Alabastrides n'ont pas la même propriété, mais par l'arrangement de leurs parties, le ciseau éclate plutôt leur tissu, qu'il ne le taille. Les acides n'opérent sur ces substance qu'une ef-

 ferférvescence passagére , & avec l'adjonction d'un flux elles se vitrifient. Les pierres Stellaires , doivent leur origine à la lapidification d'un madrepore quelconque, par conséquent leur baze est Calcaire, mais l'acide marin qui les lapidifie , les pénétre avec tant de violence , qu'il dénature , pour ainsi dire , leur essence , & les acides agissent sur ces produits comme sur presque tous ceux qui tiennent à la terre Refractaire &c. Les Granites ne sont point des pierres absolument dures, puisque le feld Spath entre dans la composition de leur masse (*a*) . C'est plutôt une pierre neutre , refractaire suscéptible de calcination , comment aurais-je pû la mettre à côté des jaspes & des agates? Le Porphyre, est vraiment une pierre très dure par sa nature, mais ne se trouvant point en Sicile, je n'ai pû en dire que quelque mots pour prévenir les Etrangers sur l'idée généralement repanduë au dehors , de l'éxistence de cette substance ; dans cette Isle . Les pierres à Razoirs , dans le cas des Granites, sont d'une nature trop compliquée pour avoir pu être classées parmi les pierres dures , mais en même tems offrent des grains trop opiniâtres à l'action de la rouë pour les placer parmi les pierres Sémi-dures, ainsi que paraitrait le désirer le Naturaliste Anonyme. Enfin, les Bazaltes ont été généralement reconnuës pour les productions les plus dures que la Nature nous ait présenté après les pierres précieuses , & je les aurai même mis tout de suite après les agates & les jaspes, si la Sicile en eut offert des dépôts considerables, & s'il ne nous était déjà connu, que ce sont des productions duës à l'action des Volcans ; dont je dois analyser les effets & les produits dans un Ouvrage séparé. Mais quand même cette substance devrait son origine à un simple arrangement de parties composantes fait par la main du tems; j'ignore pourquoi l'Auteur Anonyme voudrait que je les eusse classés parmi les pierres Sémi-dures, vû la différence de la dureté & du poids de cette matiére, d'avec ceux de tous les produits que j'ai rangés dans cette classe.

III. La délicatésse de l'Auteur Anonyme sur l'Article de la bonne foi des marbries, fait honneur à sa façon de penser, tout honnéte homme sera de son avis la dessus , & les Siciliens eux mêmes, quoique très antichés de la posséssion de certaines productions que leur pays n'a jamais vu naître dans son sein, ne pourront qu'y applaudir. J'y joindrai mon suffrage, mais avant tout je prierai l'Anonyme de relire ce que j'ai dit à ce sujet dans le Discours Préliminaire de ma Lythographie. Si j'avais été homme à me fiér à des rapports apocryphes, & à l'illusion d'une taille étudiée, je n'aurai pas cherché à prévenir mes Lecteurs à ce sujet . Il est plus naturel de redouter un mal qu'on connait, que de déclamer contre un mal dont on ne se défie

(a) *On peut la dessus consulter M.*[r] *de la Condamine qui rapporte dans ses Ouvrages, que les faces de l'Eguille de Cléopatre à Aléxandrie, a plusieurs de ses parties déjà calcinées par le contact imédiat de l'air , un Obélisque d'agate ou de jaspe, n'aurait pas éssuié cette injure.*

défie pas. Quoique la tromperie soit la ressource ordinaire des gens de bas aloi, ce n'est point aux yeux d'un Naturaliste Chymiste que la fraude peut emploïer les vétemens de la vérité. Si l'œil est trompé par une apparence mensongére, les toucheaux de la Chymie viennent au secours de la Nature, & démasquent les séducteurs chefs d'œuvre de son rival. Ce n'est pas moi qui ai assigné à la Sicile la premiére place parmi les pays favorisés par la Nature dans la richesse de leurs produits. Mille plumes célébres ont garanti cette vérité. Cependant, si dans l'analyse que j'en ai fait par moi même, je n'eusse vû que des preuves légéres d'une réputation si généralement établie, ami de la verité, bien loin d'être l'Apologiste d'un bruit vague, d'une idée injustement adoptée par le vulgaire, j'aurais emploïé, à décréditer la croïance de l'etonnante varieté des marbres en Sicile, la même plume dont je me suis servi pour combattre la pretendue naissance des Berils, & de tant d'autres pierres précieuses, qu'on croïait si long tems naître dans le sein des Montagnes de cette Isle. Non content d'examiner les blocs déposés chès les marbries, d'en faire tailler des échantillons dans ma presence; j'ai visité presque toutes les carriéres de ce pays; j'en ai analysé tous les produits; & si l'immense travail que cette analyse m'a couté peut faire naître en moi quelque prétention, c'est celle, d'avoir dit la verité. Quant-à la maniére dont viennent les jaspes & les agates en Sicile, je crois m'être plus d'une fois expliqué à ce sujet je me suis toujours servi du mot de couches dans ces deux Ouvrages, je ne l'eusse point fait, si les jaspes & les agates ne se trouvaïent en Sicile que seulement en cailloux, comme presque par tout. Il arrive souvent, surtout parmi les agates, qu'on employe certains cailloux agatisés qui en ont l'apparence. Mais ou ce n'est que des produits étrangers simplement agatisés, ou si ce sont des vraïes agates, ce sont des émanations, des fractures des couches supérieures, détachées par accident, & réduites dans cette forme roulée par le frottement continuel auquel elles auront été assujetties.

IV. Après m'avoir attaqué sur la trop grande varieté des jaspes, des marbres &c. d'écrits par moi, comme éxistans en Sicile; l'Auteur Anonyme me reproche de nier la présence & la formation des pierres précieuses dans ce pays, & employe à ce sujet trois argumens contre moi. Le premier; est le témoignage de M.r le Chevalier Hamilton Ministre Plenipotentiaire de la Cour de Londres à celle de Naples, qui nous a donné la déscription des fluors trouvés dans les laves du Vesuve. Le second, l'abondance des crystallisations quartzeuses en Sicile, parmis lesquels le Naturaliste Anonyme place les Topazes, les Amethystes, les Saphirs, les Grenats, les Berils, les Chrysolites &c. Le troisiéme enfin, la présence de tant de mines différentes, dont abonde ce pays, & dont les exhalaisons devraïent naturellement influer sur la colorisation des crystaux. J'y répondrai séparement: l'Ouvrage de M.r le Chevalier Hamilton, reçu du Public avec les applaudissemens qui lui sont dûs, n'a eu en

vuë

vue que deux objets ; celui de presenter aux Amateurs une suite complette des variétés offertes par le Vesuve , & celui de ramener les savants à l'opinion presque universellement reçuë de la marche des Volcans , de leur influence sur notre Globe , & des prodigieux changemens opérés par eux ; changemens , que l'on attribuait à mille causes étrangéres . La réputation de l'Auteur , ses observations , ses raisonnemens , & les travaux d'un essain de Naturalistes qui après Lui ont été les apôtres de cette vérité , ont établis sur des fondemens inébranlables un systême aussi sublime que juste .

Poussant plus loin ses travaux , cet illustre Auteur voulant unir l'utile à l'agrèable , il s'est plu à chercher dans le sein des débris Volcaniques des substances propres à être employées, & l'Europe doit à ses soins tous ces beaux moeubles qu'on fait de lave de nos jours . Substance qu'on m'eprisait il y a peu , & qu'on ne reservait que pour les emplois les plus vils . Les travaux de M.r Hamilton nous ont enrichis , & ce n'est pas la premiére fois que les belles connaissances d'un seul Génie ont fait reflèchir sur son siécle de nouvelles lumiéres . De l'employ des laves , M.r le Chevalier a étendu les essais sur les fluors du Vesuve ; brillantés sous sa diréction , ces crystaux , dans nos Cabinets , offrent une objet de curiosité de plus , mais les efforts , à ce sujet , n'ont servi qu'à nous faire voir d'une maniére plus distincte le désavantage de l'art en oposition avec la Nature .

L'Auteur Anonyme ne peut donc rien en conclure en sa faveur rélativent à l'existance des pierres précieuses en Sicile ; quant à celle des fluors , je ne l'ai jamais niée .

Le second argument dont l'Auteur étaye son opinion , est l'abondance des Crystallisations quartzeuses dans ce pays , parmi les quelles l'Auteur place les Topazes , les Amethystes , les Crysolites &c. Quant aux crystallisations quartzeuses , bien loin de nier leur presence en Sicile , je crois avoir au contraire assès fait connaître combien elles abondent par la déscription des variétés les plus remarquables de cette substance que j'ai décrites dans cet Ouvrage . Mais en en parlant , jamais je ne les ai confondues avec les crystaux connus sous le nom de Topazes , d'Amethystes &c. C'aurait été manquer aux Principes , qui doivent être , à ce qu'il me parait , la baze de tous nos systêmes . En premier lieu , les crystaux des pierres précieuses sont toujours d'une configuration exactement prononcée , & toujours constante , nés dans le seïn de l'ordre & du repôs . Le Quartz est le produit d'une crystallisation tumultuaire formée dans un fluide agité , parconséquent sans suite , sans ordre , sans configuration déterminée .

Les crystaux sont transparents , lympides .

Les quartz , opâques & laiteux .

Les pierres précieuses doivent leur couleur à des vapeurs métalliques très déliées , par conséquent leurs particules colorantes sont logées dans des chambrures impercéptibles , & dont l'action d'un feu violent ne peut les tirer qu'avec peine .

Les

Les quartz colorés au contraire, soit par le fluide déjà teint, soit par une infiltration grossiére des vapeurs métalliques, les lâchent du moment que le feu, ou bien le simple contact d'un acide ouvre leurs pores.

Par ces preuves, & par beaucoup d'autres qu'il serait inutile de rapporter ici, l'on voit la différence des deux Natures. Le Naturaliste Anonyme sera, j'en suis sur, de mon avis; & ce sera des Spaths vitreux; ou des quartz colorés qu'il aura voulu parler dans sa Lettre; en ce cas là, je le prie de vouloir bien lire dans ma Lythologie les Articles séparés consacrés à ces substances, & il verra que je ne nie point leur éxistence en Sicile, mais je le prie aussi de ne pas les regarder comme pierres précieuses; car alors nous ne serions pas du même avis.

Le troisiéme argument enfin, a pour objet l'abondance des mines en Sicile, & l'effet naturel qui en doit émaner dans la colorisation des crystaux. Le Principe rapporté par l'Auteur Anonyme est des plus vrais, ce sont les vapeurs métalliques qui influent sur la colorisations des crystaux. La Nature suit la même marche pour varier les teintes des pierres précieuses, celles des fluors, celles de différens sels, & bien souvent celles de beaucoup d'autres produits. Mais ce n'est pas la vapeur de tel ou tel minéral qui décide la qualité de la substance colorée. Le couleur est une accident, la Nature des parties constituantes est la baze de tous les corps. Qu'importe que les exhalaisons des mines étendent sur un dépôt quelconque l'influence de leurs vapeurs, si la matiére de ce dépôt n'est pas dans le degré de pureté qu'éxige une crystallisation précieuse, ses parties composantes moins bien triturées par l'action des sels agissans, dans le tout qu'elles composeront, offriront une juxta-position moins égale, une union moins stricte, par conséquent une diaphanéïté moins pure, un ciment moins vigoureux, une dureté moins sensible, enfin n'auront pour résultat qu'une crystallisation du plus bas aloi.

Telle est la marche de la Nature, c'est ainsi qu'elle a parû aux yeux de ceux qui l'ont observée. Simple, mais continuellement agissante, elle produit les Phénoménes les plus étonnans mais toujours avec le moins d'action possible. Et du plus précieux de ses produits, au plus commun, il n'y a de différence que dans le moindre dégré de son action. L'homme vitrifie un grain de sable, il lui donne tout l'eclat du crystal produit dans les matrices des rochers; il fait plus, il le colore, & par l'imitation des procédés de la Nature, il introduit dans les pores de ce verre des vapeurs métalliques qui donnent à cette composition un œil, & des teintes semblables à celles des vraïes pierres précieuses. Qu'il fasse encore un pas de plus, une fois parvenu à la connaissance de donner à ces crystaux la dureté des pierres naturelles; il se voit au niveau de la Nature. Il en est de même des fluors nés dans le sein des Montagnes de la Sicile. Ils imitent déjà faiblement la transparence l'eclat & les teintes des pierres précieuses; si l'action des sels extraits par la conflagration de mille pro-

produits, donnaïent à ces cryſtaux la dureté des pierres naturelles, je n'aurai aucun éloignement à les mettre à côté de celles que l'Orient nous fournit. Mais c'eſt là que ſe trouve l'ecueil contre lequel ſe briſent les éfforts des ſels agiſſans dans les fluors Volcaniques en Sicile, & je ne crois pas que jamais il y ait à ce ſujet quelque changement remarquable.

V. L'art pour parvenir à imiter les chefs d'œuvres de la Nature a ſuivi différentes routes. Certains Chymiſtes ont colorés les cryſtaux par une ſimple immerſion dans un fluide coloré après avoir échauffé le cryſtal; d'autres n'ont employé que la fumigation, en enfermant dans un creuſet ſcellé hermétiquement les cryſtaux & les matiéres colorantes; d'autres enfin ont cherché à compoſer des pâtes déja colorées dans l'état de fluidité, & acquerrant la conſiſtance, ſoit par la déſſication naturelle, ſoit par l'action d'un feu violent. Mais aucune de ces méthodes n'a été perféctionnée, & l'Auteur de la Lettre Anonyme a raiſon de dire: *que l'art d'imiter les pierres précieuſes, quoique très en vigueur de nos jours, n'eſt pas plus connu que s'il n'exiſtait pas du tout.* Il y a eu des Chymiſtes qui ne pouvant point parvenir à la connaiſſance parfaite de l'art de colorer les pierres précieuſes, ont cherché du moins à leur enlever les couleurs données par la Nature, mais leurs travaux, en ce genre, n'ont pas été couronnés d'un ſuccès plus heureux. Quant-aux produits de la Nature, voici ce que les travaux de tant de Naturaliſtes célébres, & mes propres obſervations m'ont fait connaître. Il n'eſt point douteux que les cryſtalliſations de toutes les pierres précieuſes ne ſe faſſent dans un fluide quelconque, la marche de la Nature à ce ſujet, même dans les cryſtalliſations artificielles, eſt ſi ſenſible; qu'il n'eſt point de difficulté ſur l'admiſſion de cette opinion. Quant à la coloriſation, l'expérience nous en a fait connaitre de deux maniéres; l'une, comme la rapporte l'Auteur Anonyme, par le moïen d'un fluide coloré, & puis cryſtalliſé regulierement, ſuivant la tendance des ſels agiſſans, & la configuration des particules compoſantes; l'autre par l'admiſſion des vapeurs métalliques, dans le ſein d'un cryſtal déja fait. Ces deux maniéres ſont viſibles, & l'œil du Naturaliſte les diſtingue aiſément. Vû que dans les cryſtaux de la premiére eſpéce la teinte eſt toujours plus égale quoique ſouvent plus faible; au lieu que dans ceux de la ſeconde, la nuance eſt plus ou moins chargée, à raiſon du voiſinage de l'endroit par lequel ont dû paſſer les vapeurs; lequel, pour l'ordinaire eſt plus fort en couleur, offre une teinte plus veloutée, & ſe décolore moins facilement. Mais de quelque façon que ſoit colorée une pierre précieuſe, c'eſt toujours par l'intermede des vapeurs métalliques. Avec la ſeule différence, que dans l'état de fluidité de la matiére cryſtalliſante, les particules métalliques ſe trouvent en diſſolution; au lieu que dans les coloriſations faites après coup, elles s'inſinuent en forme de vapeurs dans les pores d'une maſſe déja condenſée. Beaucoup d'Auteurs reſpectables ont écrit

ſur

ſur cette matiére, il ne me convient pas de vouloir démontrer des verités qu'ils ont déjà prouvées. J'invite ſeulement l'Auteur Anonyme à prendre la premiére matrice d'Amethyſte qui lui tombera ſous la main, & pour peu qu'il l'obſerve attentivement je ſuis ſûr qu'il ſera bientôt de l'avis que j'ai embraſſé également par conviction.

Dans l'apoſtile de ſa Lettre, l'Auteur Anonyme me demande encore de faire connaître la nature des Montagnes dans les quelles ſe trouvent les produits que j'ai d'écrits, & de déterminer auſſi l'epaiſſeur & la profondeur des couches, car c'eſt là je crois ce qu'il a cherché à exprimer par le mot de Filon. La demande eſt ſi juſte, que je l'euſſe prevenu, ſi de pareils détails fuſſent de la compétence d'un Ouvrage comme la Lythographie. Mais ſi l'Auteur veut bien parcouvrir ma Lythologie & ma Minéralogie Docimaſtique Métallurgique, j'eſpére qu'il y trouvera non ſeulement les détails qu'il demande dans ſa Lettre, mais encore tous ceux que mon ſujet éxigait naturellement de moi, & auſquels j'ai pû ſatisfaire.

Je crois avoir répondu à toutes les objections du Naturaliſte Anonyme, peut-être un peu longuement; mais il m'a été impoſſible de me reſtraindre dans des bornes plus étroites, vû le grand nombre des chefs d'accuſation qui étaïent intentés contre moi. J'oſe me flatter que l'Auteur voudra pardonner des détails nécéſſaires. J'ai cru devoir par une réponſe un peu circonſtanciée me rendre digne de l'honneur qu'on m'a fait de critiquer mon Ouvrage.

ERRA-

ERRATA

Page	lignes	fautes	Corrections
3	35	emploit	employe
5	3	Téchiniques	Techniques
6	4	longeur	longueur
7	20	permes	permis
13	39	ou se plait	on se plait
17	5	l'inpéction	l'inspéction
ibid.	41	accident	accidens
18	27	nous nous rapportions	nous nous en rapportions
20	1	c'est vrai	cela est vrai
ibid.	18	Compagnes	Campagnes
21	10	sourtout	sur tout
ibid.	12	proche	proches
ibid.	17	dispartis	départis
24	15	tenant	tenans
25	29	Quand'ou	Quand ou à
33	12	*Quantités*	*Qualités*
ibid.	18	*Quantités*	*Qualités*
34	18	frable	friable
35	30	Cap Silibec	Cap Lilibée
36	26	dilation	dilatation
ibid.	28	Soil	Soleil
ibid.	36	clasticité	elasticité
39	23	sa	leur
40	16	de	d'en
ibid.	26	convainere	convaincre
43	7	tempere	temperé
46	18	*Quantités*	*Qualités*
47	23	, paisseur,	epaisseur
ibid.	32	*Quantités*	*Qualités*
48	26	Spâlh	Spâth
ibid.	31	c'est surtout	& surtout
ibid.	37	ces que j'ai	que j'ai
60	4	une aucune	aucune
65	12	ladipification	lapidification
76	32	coulrur	couleur
103	28	déyà	déjà
113	10	nn	un
117	23	pen	peu
128	20	épaisses	épaisseur
ibid.	24	plus au	plus ou
ibid.	24	plus moins	plus ou moins
156	8	Sanguius	Sanguins
ibid.	18	ce marbre nomme	ce marbre qu'on nomme
224	13	moeubles	meubles
ibid.	20	une	un
ibid.	24	rélativent à l'existance	rélativement à l'existence
ibid.	25	niés	nié

Nous n'avons relevé dans cet Errata, que les fautes de sens, car il eut été presque impossible de corriger celles de ponctuation & d'ortographe, vû que c'est imprimé dans un pays ou l'on n'a pas trop l'usage d'imprimer en François.